AF231118

VENT,

SA DIRECTION & SA FORCE

OBSERVÉES A PERPIGNAN

AVEC UN ANÉMOMÈTROGRAPHE ÉLECTRIQUE,

Par le Dr FINES.

Extrait du XXe Bulletin de la Société Agricole, Scientifique et Littéraire des Pyrénées-Orientales.

PERPIGNAN

IMPRIMERIE DE CHARLES LATROBE

1, Rue des Trois-Rois, 1.

1873.

VENT,

SA DIRECTION ET SA FORCE

OBSERVÉES A PERPIGNAN

AVEC UN ANÉMOMÉTROGRAPHE ÉLECTRIQUE

Vent, sa cause, ses effets, utilité de son étude. — Le soleil, source de chaleur, de circulation et de vie sur la terre, échauffe plus ou moins les différentes masses d'air qu'il traverse. Celles qui sont devenues plus chaudes et moins denses produisent un vide relatif que l'air moins chaud et plus lourd des parties voisines vient combler immédiatement. Cet afflux, ce mouvement de l'air, s'appelle le *vent*, et nous pourrons le définir : une quantité d'air mise en mouvement par une altération d'équilibre de température de l'atmosphère.

Ce déplacement établit une immense circulation autour de la terre : il renouvelle les diverses couches d'air en chaque endroit, modifie à chaque instant leur température et leur degré d'humidité, mélange les vapeurs et les gaz et disperse les exhalaisons impures qui, sans cela, rendraient notre globe inhabitable pour les hommes, les animaux et les plantes qui vivent à sa surface.

4

Le vent, agent principal de la circulation vitale sur notre planète, peut, lorsqu'il prend trop de force et devient impétueux, promener partout la destruction. Il anéantit les récoltes, il brise ou déracine les arbres, ébranle les édifices, renverse les trains de chemin de fer, fait sombrer les navires et devient alors une cause de désastreuses ruines.

Le sens dans lequel se fait le déplacement de l'air détermine la *direction du vent*, et c'est grâce à sa connaissance sur la surface de l'océan que l'illustre lieutenant de la marine américaine, Maury, dont la science déplore la perte récente, diminua la longueur des traversées dans d'étonnantes proportions.

La théorie des bourrasques tournantes donne aujourd'hui, à ceux qui la connaissent, les moyens de fuir, pendant la tempête, le demi-cercle dangereux où les deux vitesses de translation et de rotation s'ajoutent et poussent invinciblement le navire vers la ligne que le centre des mauvais temps va parcourir, pour atteindre le demi-cercle maniable dans lequel les deux vitesses se neutralisent, en partie, et permettent au navigateur de se mettre à l'abri.

C'est enfin par la connaissance des mouvements, mais surtout de la pression de l'air, que l'on indique un peu à l'avance le temps qu'il va faire, et que l'on donne des avis salutaires aux marins que pourrait surprendre la tempête, et aux agriculteurs dont les récoltes pourraient être compromises.

L'étude de la force et de la direction du vent est donc utile et devrait être faite, sans interruption, sur le plus grand nombre de points possible. Des appareils enregistreurs qui fonctionnent d'une manière continue rendent à présent ce travail plus facile.

Depuis le mois de décembre 1869, deux anémométrographes électriques ont été mis à ma disposition par le ministère des travaux publics, sur la demande de M. Tastu, ingénieur en chef des Ponts-et-Chaussées. Le premier que j'ai reçu a été installé dans mon domicile, et je donne maintenant les trois années complètes d'observations que j'ai recueillies avec lui. Le second me sert à faire des observations comparatives, simultanées sur divers points. Enfin M. Salva, ingénieur du service hydraulique à Cette, m'a prêté un troisième anémomètre, semblable aux deux premiers, et nous avons pu ainsi faire fonctionner et observer en même temps trois appareils semblables.

Je commencerai par donner la description des appareils et de la position qu'ils occupent, puis je résumerai les observations comparatives que j'ai faites sur divers points. Les tableaux de moyennes diurnes et tri-horaires ainsi que des plus grandes vitesses viendront après. Je terminerai ce travail par l'étude, dans notre région, de la direction et de la vitesse du courant d'air inférieur, de ses rapports avec les différents agents atmosphériques, et des accidents qui ont été occasionnés par le vent.

DESCRIPTION DE L'ANÉMOMÈTROGRAPHE.

L'anémomètrographe ($\alpha\nu\epsilon\mu\sigma\varsigma$, vent; $\mu\epsilon\tau\rho\sigma\nu$, mesure; $\gamma\rho\alpha\varphi\omega$, j'écris), est un appareil destiné à inscrire d'une manière continue la direction et la vitesse du vent, ainsi que l'heure à laquelle elles ont commencé ou fini. Il se

compose de deux parties principales : 1° L'anémomètre
proprement dit, qui reçoit l'action directe du vent;
2° l'enregistreur, qui inscrit sa direction et sa vitesse.

ANÉMOMÈTRE.

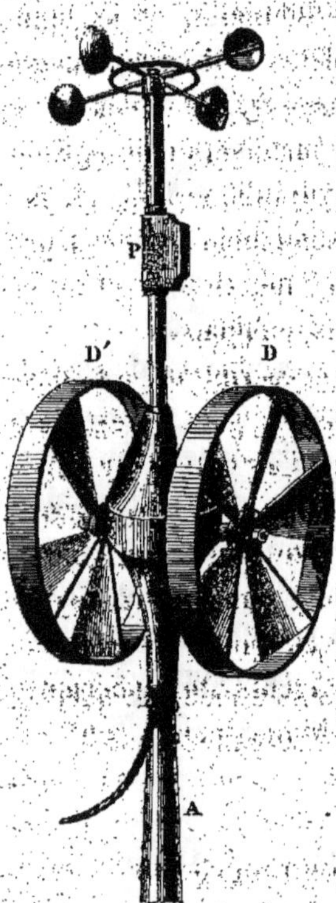

Fig. 1.

L'anémomètre dont nous nous
occupons, Fig. 1, a été construit
par M. Salleron, qui l'a décrit
dans une notice que nous reproduisons en partie, et qui a gra-
cieusement mis à notre disposition les clichés des figures qui
représentent l'instrument et ses
différentes parties. Un moulinet
et un compteur P, destinés à la
mesure de la vitesse, constituent
une moitié de l'appareil qui est
réunie à l'autre, dans laquelle les
roues D, D' marquent la direction, au moyen d'un taraudage.
L'extrémité A est creuse et coni-
que pour fixer l'anémomètre au
sommet d'un mat plus ou moins
élevé.

M. Salleron a adopté, pour la
mesure de la vitesse, le moulinet
imaginé par le R. Dʳ Robinson, de l'Observatoire d'Ar-
magh; la description et la théorie de cet appareil ont
été exposées dans les transactions de l'Académie Royale

Irlandais. Il présente sur les appareils du même genre l'avantage de donner immédiatement le chemin parcouru par le vent, sans aucun calcul et sans expériences préalables.

Il se compose, d'un axe vertical supportant quatre rayons horizontaux égaux, rectangulaires entre eux, et à l'extrémité desquels quatre demi-sphères creuses sont soudées, de manière que : 1º le grand cercle qui termine chacune d'elles soit toujours dans un plan vertical, et que 2º la partie convexe de l'une quelconque regarde la partie convexe de la suivante.

Quand ce moulinet se trouve dans un courant d'air, le vent rencontre toujours deux demi-sphères concaves et deux autres convexes. Comme il a plus d'action sur les premières que sur les secondes, il imprime à tout le système un mouvement de rotation.

M. Robinson a démontré que le nombre des tours de ce moulinet est proportionnel à la vitesse du vent, quelle que soit cette vitesse ; en d'autres termes, que le chemin parcouru par le centre des sphères est toujours une fraction constante du chemin parcouru par le vent. En appliquant cette loi aux anémomètres dont les sphères ont un diamètre suffisant et sont fixées à l'extrémité de rayons assez longs pour que les frottements de l'axe soient une fraction très petite de la force avec laquelle le vent agit sur les sphères, on a trouvé que le nombre 3 représente assez exactement le rapport qui existe entre le chemin parcouru par le vent et celui parcouru par les ailes.

Ainsi, en multipliant par 3 la longueur de la circonférence du cercle parcouru par le centre des hémisphères, on trouve le chemin parcouru par le vent pour chaque tour de moulinet. Dans l'instrument que nous décrivons, cette circonférence est de 1ᵐ,66 qui, multiplié par 3, donne 5 mètres pour chaque tour des ailes.

Mesure de la vitesse. — La figure 2 donne les détails du compteur destiné à mesurer la vitesse.

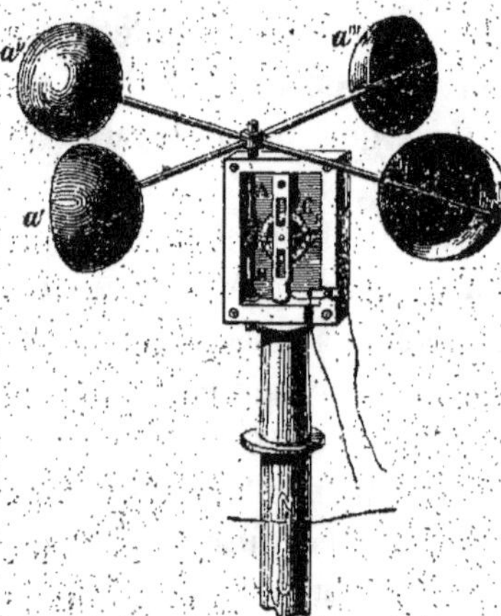
Fig. 2.

L'axe A B du moulinet a, a', a'', a''', porte une vis tangente qui engrène sur une roue dentée C, de 200 dents. Chaque fois que l'axe fait un tour, une dent passe et, comme la roue a 200 dents, une révolution complète de celle-ci correspond à 200 tours du moulinet. Cette roue porte deux chevilles en platine fixées aux extrémités d'un même diamètre, qui viennent successivement toucher un ressort isolé fixé à droite du compteur. Ce contact établit une communication électrique au moyen de laquelle on inscrit le nombre de tours, c'est-à-dire l'espace parcouru par le vent.

Indication de la direction. — La partie inférieure de l'instrument donne la direction du vent.

Le constructeur a abandonné la disposition des anciennes girouettes qui, si elles sont peu sensibles, n'obéissent

pas aux vents faibles, et, si elles sont trop légères, ne
restent jamais immobiles et enregistrent une foule de
directions au milieu desquelles il est souvent très difficile
de discerner la véritable. Il a mis à profit une nouvelle
disposition qui a déjà été employée par M. Piazzi Smith,
le savant directeur de l'observatoire d'Édimbourg.

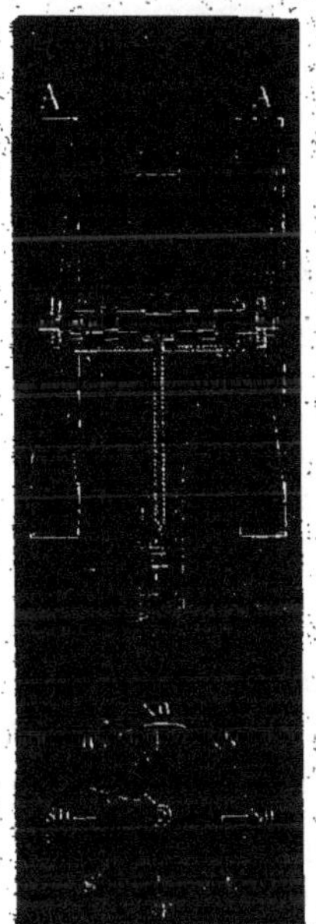

Fig. 3.

Deux roues à ailes A A (fig. 3), de
soixante centimètres de diamètre,
sont calées sur un arbre horizontal;
leurs rayons sont formés de petites
palettes inclinées, maintenues dans
deux plans verticaux parallèles, ce
qui permet à un vent très faible de
les faire tourner aussitôt qu'il les
frappe obliquement.

Ce mouvement de rotation est
transmis par l'arbre horizontal au
moyen d'un pignon p qui engrène
avec la couronne dentée fixe $t\,t$, faisant corps avec le bâtis qui supporte
tout l'instrument. La partie mobile
supérieure et la partie inférieure fixe
sont réunies par l'axe vertical a, autour
duquel se fait le mouvement de rota-
tion de la partie mobile de l'instrument. Une bague en
laiton, maintenue par une vis, empêche l'arbre de sortir
de sa crapaudine c et les deux parties de se séparer.

Il résulte de ces dispositions que les roues se mettent
à tourner aussitôt que le vent change et impriment à la
partie supérieure de l'anémomètre un mouvement de
rotation dans un plan horizontal autour de l'axe a jus-

qu'à ce qu'elles se trouvent placées dans la nouvelle direction du vent.

Deux ressorts *l l* en forme de fourchette (plan, fig. 3) sont fixés sur l'axe *a* et frottent successivement sur quatre segments métalliques séparés les uns des autres et incrustés dans un disque isolant en bois. Ces segments correspondent aux quatre directions du vent N, O, S, E et communiquent respectivement à quatre fils destinés à établir les communications électriques entre le segment en contact avec la fourchette et l'enregistreur.

On voit dans le plan de la Fig. 3 que l'ouverture des ressorts *l, l'*, est telle qu'ils peuvent être en contact soit avec un seul segment soit avec deux segments consécutifs à la fois, ce qui permet d'enregistrer les huit rhumbs principaux.

Enregistreur. — L'enregistreur, construit par M. Bréguet, inscrit la direction et la vitesse du vent en marquant des points et des lignes sur une bande étroite de papier, animée d'un mouvement de translation uniforme.

Ces inscriptions sont faites par des pointes mises en mouvement par cinq électro-aimants correspondant à la vitesse et aux quatre aires principales de vent. La fig. 4 représente un de ces électro-aimants, véritable trembleur de sonnette électrique. Un contact en fer doux G, placé au-dessus de l'électro-aimant B, soutient d'un côté une mince tige qui porte un petit marteau M armé d'une pointe de fer; de l'autre côté est fixée une lame d'acier R destinée à jouer le rôle de ressort par rapport à la pièce C et au marteau M.

Le courant amené dans la pièce métallique F, s'élève en suivant ce corps bon conducteur, puis rencontrant un

Fig. 4.

petit isoloir *c* en bois, il dévie à droite, passe par le
contact C et le ressort R, entre dans le solénoïde *b* qui
le conduit à la bobine de l'électro-aimant d'où il retourne
à la pile.

Quand le circuit correspondant à l'un des électro-
aimants B est fermé, la pièce de fer doux C est attirée
instantanément par l'électro-aimant, et la pointe de fer
marque un point ou une ligne sur la bande de papier P.

Mais dans cette nouvelle position il n'y a plus de contact entre la pièce de fer doux C et le ressort R, par
conséquent le courant entré en F ne passe plus dans le
fil de la bobine, le fer doux C se relève sous l'influence
du ressort qui le soutient et reprend la première position.
Aussitôt le contact et le courant sont rétablis; le fer
doux retombe par une nouvelle attraction et ainsi de
suite, tant que, à l'autre extrémité du circuit, le courant
se trouve fermé par suite du contact de l'une des chevilles de la roue du compteur avec le ressort, c'est-à-dire
chaque fois que le moulinet aura fait 100 tours, ou, par

suite du contact des ressorts frotteurs avec lui ou deux des quatre segments correspondants aux quatre aires de vent.

Comme ce dernier contact est permanent, un ou deux des électro-aimants fonctionneraient constamment, ce qui fatiguerait assez vite les piles et les divers organes de l'appareil. Pour le conserver davantage et aussi pour marquer le temps sur la bande de papier et s'affranchir de mesurer des longueurs, on n'observe la direction du vent que pendant une minute environ, de 10 minutes en 10 minutes. A cet effet, le fil qui va de la pile à l'anémoscope porte un ressort isolé qui rencontre toutes les 10 minutes une des chevilles métalliques implantées sur la circonférence de l'un des mobiles de l'horloge. Pendant le contact du ressort et d'une des chevilles le courant passe, et l'électro-aimant correspondant à la direction du vent qui règne frappe sur le papier. Quand la cheville échappe, le courant est interrompu, la pile et l'électro-aimant se reposent jusqu'au contact de la cheville suivante.

Lecture et relevé des observations enregistrées. — La bande de papier enlevée chaque jour de l'appareil forme le registre minute des observations, mais il convient de traduire sous une forme plus usuelle ses indications.

Pour cela on marque d'abord sur la bande des lignes droites et parallèles correspondantes aux traces des directions qui s'impriment toutes les 10 minutes, et comme cette bande porte, à son origine, l'indication de l'heure du remontage de l'appareil, on peut noter les heures et les demies sur les lignes droites. On doit retomber ainsi sur l'heure à laquelle on a marqué le trait de crayon avant de couper et de retirer la bande.

Cette opération faite, on relève :

1º Le nombre de points marqués dans chaque espace compris entre deux lignes, c'est-à-dire le nombre de fois que 500 mètres ont été parcourus par le vent; 2º la direction du vent également imprimée sur la bande.

Si on désigne par n le nombre de points compris dans dix minutes, la vitesse moyenne du vent par seconde, déduite de ces dix minutes d'observations, est :

$$V = \frac{500\,n}{10 \times 60} = \frac{500\,n}{600} = \frac{5}{6}\,n.$$

Pour rendre ces relevés plus faciles à faire, j'ai disposé sur une planche de bois, longue d'un mètre et large de 0^{m}15, deux rouets qui servent à rouler ou à dérouler la bande; et pour tracer les lignes parallèles, j'ai découpé convenablement une feuille de corne. Enfin, pour simplifier les calculs, j'ai inscrit sur un tableau les vitesses par seconde que représentent les différents nombres de points.

Mes occupations ne m'auraient pas permis de continuer longtemps ce travail sans le concours bienveillant de mon père, qui emploie avec plaisir et dévouement, pour me faire ces relevés et les moyennes, tous les loisirs que lui laisse sa verte vieillesse. Si ce travail a quelque mérite, c'est donc à lui qu'en revient la plus grande part.

Il ne nous était pas possible de publier les observations complètes, c'est-à-dire les inscriptions qui sont faites toutes les dix minutes. Les relevés par heure sont très utiles, mais leur publication deviendrait trop dispendieuse. Nous nous sommes borné à donner la moyenne des vitesses obtenues dans chaque période de 3 heures pendant chaque jour, durant 3 ans. Dans un tableau résumé annuel, nous faisons connaître la journée et la période de la plus grande vitesse, ainsi que le maximum absolu de la vitesse pendant les divers mois de l'année.

Quant à la direction du vent, il ne nous paraît pas possible de trouver des moyennes vraiment exactes. Nous avons donc inscrit la direction suivant laquelle soufflait le vent au moment du milieu de chaque période, sans tenir compte de sa fréquence. Sur nos cahiers, nous avions d'abord marqué la direction dominante du vent pendant chaque période, et lorsque la fréquence de deux vents était égale, nous les notions tous les deux. De plus, afin de rendre nos indications plus complètes, si le vent n'était pas le même, au commencement et à la fin de chaque période, que celui de la plus grande fréquence, nous marquions ceux-ci sous forme d'exposants; ceux qui étaient en avant ou à gauche indiquaient la direction du vent au commencement et ceux qui étaient à droite indiquaient la direction de la fin. Mais il n'était pas possible de conserver cette notation et nous n'avons pu donner que l'inscription de la direction du vent marquée par l'enregistreur au moment du milieu de chaque période. Ce moment arrive à minuit, 3, 6, 9, 12, etc. L'indication de la direction est exacte et correspond à une heure bien déterminée.

Position et installation des appareils. — Un anémomètrographe, pour être placé convenablement, devrait être installé sur un mât élevé en rase campagne. Cette condition n'est pas facile à obtenir, parce que l'anémomètre doit être visité et nettoyé assez fréquemment, et parce que l'enregistreur a besoin d'être surveillé constamment et doit se trouver, le plus possible, sous les yeux de l'observateur. De cette façon, *le réglage* de l'appareil, difficile surtout lorsqu'on commence à s'en servir, devient moins pénible et se fait plus rapidement; de plus les interruptions sont moins fréquentes et moins longues.

C'est donc en ville et dans la maison que j'habite que j'ai installé mon appareil, en prenant les précautions nécessaires pour le placer le moins mal possible.

Appareil placé sur la chapelle Saint-Dominique. — La maison que j'habite est adossée au mur de l'ancienne chapelle du Tiers-Ordre de Saint-Dominique, qui sert en ce moment de magasin militaire. Le faîte de cette chapelle dépasse la partie la plus élevée de ma toiture de 5 mètres environ et se trouve à 18^m,45 au-dessus du seuil de ma porte d'entrée. Après avoir obtenu l'autorisation du Ministre de la Guerre, j'ai scellé contre ce mur un fort plateau de bois, qui sert à maintenir un mât de 7 mètres de longueur. Ce mât, fortement consolidé par des barres de fer et soutenu par des haubans, peut, au besoin, tourner sur un axe; une corde, attachée à son extrémité inférieure, est mise en mouvement par un tour et permet à un homme seul de le baisser et de le relever. L'anémomètre est solidement fixé à la partie supérieure du mât, et la masse métallique qui le constitue est protégée par un paratonnerre.

Le moulinet dépasse le faîte de la chapelle, que nous pouvons considérer comme le sol par rapport à l'appareil qu'il supporte, d'une hauteur de 7 mètres. Il se trouve

élevé de 25^m,45 au-dessus du sol de la rue; son altitude
au-dessus du niveau de la mer est de 54^m,05.

L'enregistreur est placé dans une des pièces du rez-
de-chaussée, et se trouve relié à l'anémomètre par un
cable composé de six fils de cuivre rouge, recouverts
d'une triple enveloppe et parfaitement isolés.

Les irrégularités des toitures et surtout les construc-
tions diverses qui les surmontent sont un obstacle à la
facile propagation du vent. Un appareil placé sur les
toits donnera donc une vitesse différente de celui qui
sera librement exposé en rase campagne. Cette différence
est importante à connaitre. Nous y sommes arrivé en
faisant des observations simultanées avec un instrument
semblable placé en dehors de la ville. Nous avons trouvé
que les irrégularités et les saillies des toitures de la ville
ralentissent la vitesse de l'anémomètre placé à 7 mètres
au-dessus du faîte de la chapelle qui domine la maison
que nous habitons, et la rendent égale à celle d'un
moulinet placé dans un endroit bien découvert à un ou
deux mètres seulement au-dessus du sol.

OBSERVATIONS COMPARATIVES FAITES SUR DIVERS POINTS
ET A DIFFÉRENTES HAUTEURS AU-DESSUS DU SOL.

Pour nous rendre compte, le plus exactement possible,
de l'influence que peut avoir la position d'un anémomètre
sur un point déterminé et à différentes hauteurs au-dessus
du sol sur un même point, nous avons observé, en même
temps, des anémomètrographes semblables que nous avons
placés à divers endroits, et nous avons pris comme terme
constant de comparaison celui qui fonctionne au-dessus

de notre maison d'habitation, sur le faîte de la chapelle du Tiers-Ordre de Saint-Dominique. Nous en avons donné plus haut la description..

Observations faites sur le sommet du clocher de Saint-Jacques.—Après avoir fixé un anémomètre de Robinson à l'extrémité d'un mât de 4 mètres de longueur, nous l'avons installé au-dessus du clocher de Saint-Jacques, dont la plate-forme se trouve à $26^m,795$ au-dessus du sol, élevé lui-même de $48^m,063$ au-dessus du niveau de la mer. Le moulinet se trouvait donc à une altitude de $78^m,858$ et à $30^m,795$ au-dessus du sol.

Le clocher de Saint-Jacques est un long prisme quadrangulaire ; bâti sur la partie la plus haute de la ville, aucune construction ne l'avoisine du côté de l'Est. Comme il dépasse le sol de près de 27 mètres et que le sommet du mât le dépassait encore de quatre mètres, la résistance à la propagation de la vitesse du vent produite par le relief du sol et des maisons doit être bien moins forte que sur l'appareil placé à 7 mètres seulement au-dessus du faîte de la chapelle Saint-Dominique, qui constitue le sol par rapport à l'appareil qu'il supporte.

Les premières expériences ont duré depuis le 25 juin jusqu'au 6 août 1872, en tout 43 jours, pendant lesquels les vents ont soufflé avec une force très variable et de directions différentes.

Les vitesses moyennes observées pendant cette période ont été :

Sur le clocher de Saint-Jacques de $4^m,79$ par seconde ;

Sur la chapelle Saint-Dominique de $2^m,65$ —

Le rapport entre ces vitesses est de 1^m à $1^m,81$.

La plus grande vitesse, pendant la durée de ces expériences, a eu lieu les 3 et 26 juillet.

Les vitesses moyennes diurnes ont été, le 3 juillet,
Sur le clocher de Saint-Jacques de $8^m,69$ par seconde;
Sur la chapelle Saint-Dominique de $4^m,88$ —
Le rapport est de 1^m à $1^m,78$.

Le maximum de vitesse de ce jour a été observé entre $13^h,40'$ et $16^h,40'$; le vent avait une vitesse
Sur le clocher de Saint-Jacques de $11^m,53$ par seconde;
Sur la chapelle Saint-Dominique de $6^m,71$ —
Le rapport est de 1^m à 1^m72.

La journée de la plus grande vitesse du vent pendant le mois de juillet a été le 26. La moyenne diurne a été:
Sur le clocher de Saint-Jacques de $11^m,65$ par seconde;
Sur la chapelle Saint-Dominique de $5^m,62$ —
Le rapport est de 1^m à $2^m,06$.

Ce même jour, le maximum absolu de vitesse s'est produit à la même heure que le 3 juillet, entre $13^h,40'$ et $16^h,40'$. Nous avons eu une vitesse :
Sur le clocher de Saint-Jacques de $15^m,97$ par seconde;
Sur la chapelle Saint-Dominique de $7^m,96$ —
Soit encore le rapport de 1^m à 2^m.

La vitesse du vent, sur ces deux points, a donc été dans le rapport de 1 à 2, si on compare entre elles les plus grandes vitesses observées le 26; et dans le rapport de 1 à 1,86, si on compare entre elles les journées des 3 et 26 juillet. Ce dernier rapport se rapproche beaucoup de celui des moyennes de toutes les observations faites pendant cette période sur le clocher de Saint-Jacques et sur la chapelle de Saint-Dominique ; d'où nous pouvons conclure que la vitesse du vent, sur ces deux points, est dans le rapport de 1 à 1,81.

Observations faites sur la plate-forme de la gare du chemin de fer de Perpignan. — M. le Directeur de la Compagnie des Chemins de Fer du Midi, nous a permis d'installer sur le terrain de la gare de Perpignan les appareils nécessaires pour faire des observations sur un même point, mais à des hauteurs différentes au-dessus du sol.

Nous avons observé, en même temps, l'anémomètrographe qui fonctionne toujours chez nous et deux autres appareils semblables placés à la gare.

Celle-ci se trouve à l'ouest de la ville, à 800 mètres de la partie la plus rapprochée des remparts et à 1200 mètres environ de notre domicile. Le sol, en ce point, est à 38^m,074 au-dessus du niveau de la mer, il est plus élevé que les propriétés voisines de 3 mètres en moyenne. Les deux mâts sur lesquels sont fixés les anémomètres sont élevés, l'un de 7 mètres et l'autre de 18 mètres.

Pendant une période de cinq mois nous avons eu les moyennes suivantes :

Vitesse moyenne mensuelle du vent par seconde et par jour :

	A LA CHAPELLE ST.-DOMINIQUE.	A LA GARE	
		à 7^m au-dessus du sol.	à 18^m au-dessus du sol.
En novembre 1872	2^m, 12	2^m, 32	3^m, 56
En décembre 1872	2, 25	3, 92	4, 77
En janvier 1873	2, 28	2, 33	3, 25
En février 1873	3, 51	3, 96	5, 23
En mars 1873	2, 81	3, 42	4, 30
Moyenne des 5 mois :	2, 59	3, 19	4, 22

Plus grandes vitesses diurnes du vent :

	A LA CHAPELLE ST.-DOMINIQUE.	A LA GARE	
		à 7^m au-dessus du sol.	à 18^m au-dessus du sol.
12 nov. 1872, vent d'O.	4^m, 62	6^m, 23	8^m, 88
23 nov. 1872, vent d'E.	6, 11	7, 34	8, 18
18 déc. 1872, vent d'O.	5, 16	6, 05	8, 14
25 déc. 1872, vent d'E.	5, 50	6, 77	7, 53
12 janv. 1873, vent d'E.	3, 19	3, 22	4, 40
25 janv. 1873, vent d'O.	5, 48	6, 23	8, 14
13 fév. 1873, vent d'O.	9, 63	10, 76	14, 20
2 mars 1873, vent d'O.	8, 30	9, 59	12, 97
24 mars 1873, vent d'E.	3, 94	5, 03	6, 48
Les moyennes sont :	5, 77	6, 81	8, 77

Maximum absolu de la vitesse.

	A LA CHAPELLE ST.-DOMINIQUE.	A LA GARE	
		à 7^m au-dessus du sol.	à 18^m au-dessus du sol.
10 et 30 nov. 1872.	11^m, 67	13^m, 33	14^m, 17
2 décembre 1872.	10, 51	12, 17	13, 33
24 janvier 1873.	11, 67	14, 17	18, 33
13 février 1873.	15, 00	17, 50	20, 83
2 mars 1873,	15, 00	15, 83	20, 00
Les moyennes sont :	12, 77	14, 60	17, 33

On voit par ces tableaux que la vitesse moyenne du vent observée sur la chapelle Saint-Dominique, dans la ville, est à celle de la gare, dans la campagne, suivant le rapport de 1 à 1,23 pour 7 mètres de hauteur et de 1 à 1,63 pour 18 mètres au-dessus du sol, lorsqu'on compare entre elles toutes les moyennes diurnes mensuelles.

Ces différences diminuent par les vents forts, et, dans ce cas, les vitesses sont comme 1 : 1,18 pour 7 mètres et comme 1 : 1,52 pour 18 mètres. Nous trouvons enfin que les maxima absolus de vitesse sont dans les rapports de 1 à 1,14, à 7 mètres, et de 1 à 1,36 à 18 mètres.

Nous reproduisons tous ces rapports dans le tableau suivant :

Rapports des vitesses des vents à diverses hauteurs.

	CHAPELLE	A LA GARE.		CLOCHER St-JACQUES.
	St-DOMINIQUE.	à 7^m	à 18^m	à 31^m
		au-des. du sol.	au-des. du sol.	au-des. du sol.
Moyenne générale :	1^m	1^m, 23	1^m, 63	1^m, 81
Vents forts :	1	1, 18	1, 52	1, 92
Maxima absolu :	1	1, 14	1, 36	1, 82

Ces nombres nous montrent comment la vitesse des vents se ralentit dans les couches les plus inférieures de l'atmosphère, à mesure qu'on se rapproche du sol. La vitesse augmente avec la hauteur.

Les résultats que nous avons obtenus nous ont permis de tracer une courbe assez régulière (Pl. 1, Fig. 1).

On pourrait encore trouver, au moyen de ces mêmes résultats, une formule qui permettrait de déterminer, avec une suffisante exactitude, dans les pays plats ou peu accidentés, comme la plaine du Roussillon, la vitesse correspondante à la hauteur, dans les limites comprises entre les hauteurs que nous avons observées. Néanmoins, comme la résistance que le sol et les obstacles divers qui le surmontent opposent à la libre circulation de l'air dépend, non-seulement, de la hauteur mais aussi de la configuration du sol de la forme, de la saillie, de la direction des obstacles et d'une foule de circonstances diverses, la loi de l'augmentation progressive du vent suivant la hauteur, dans les couches d'air les plus basses, peut varier en chaque lieu et doit être étudiée sur chaque point pour être exatement connue. Ce ne sera, peut-être, qu'après une série d'observations en des points différents que la loi de progression du vent suivant la hauteur pourra être formulée bien exactement.

On nous objectera peut-être que nous avons fait nos expériences dans le voisinage d'une ville et dans un pays entouré de montagnes élevées. Nous ne les donnons que pour ce qu'elles peuvent valoir réellement; si elles n'ont pas eu lieu dans des conditions de perfection absolue, bien difficiles à trouver, nous les avons faites le mieux qu'il nous était possible.

TABLEAUX

DES OBSERVATIONS TRI-HORAIRES

DE LA DIRECTION ET DE LA VITESSE DES VENTS

PENDANT LES ANNÉES

1870, 1871 & 1872.

PAR SECONDE ET PAR PÉRIODES DE 3 HEURES.

DATES	22 h 40' à 1 h 40'		1 h 40' à 4 h 40'		4 h 40' à 7 h 40'		7 h 40' à 10 h 40'		10 h 40' à 13 h 40'		13 h 40' à 16 h 40'		16 h 40' à 19 h 40'		19 h 40' à 22 h 40'		Par seconde et par jour
	m		m		m		m		m		m		m		m		m
1	0.23	S O	0.23	S O	0.51	S	0.09	S O	0.01	S O	1.71	S O	2.50	S	2.27	S	0.94
2	2.36	S	1.02	S	0.51	S	0.05	S	0.46	S	0.00	S	0.32	N	0.05	N O	0.60
3	0.14	N O	0.23	N O	0.23	N	0.69	N O	0.46	N	0.46	E	0.14	E	0.41	E	0.34
4	0.05	E	0.05	E	0.32	N	0.23	N	0.09	N	0.14	N E	0.09	N E	0.05	N E	0.13
5	0.28	N	0.44	N	0.74	N	0.37	N E	0.60	N É	0.78	N E	0.46	N E	0.55	N E	0.52
6	0.55	N	0.69	N	0.65	N E	0.55	N E	0.55	N E	0.32	N E	0.41	N E	0.23	N E	0.49
7	0.83	N	0.55	N	0.78	N	0.74	N	1.20	N	0.42	O	0.92	O	0.23	O	0.71
8	0.46	O	0.41	O	0.28	O	0.37	O	0.14	O	0.14	O	0.14	O	0.32	O	0.28
9	0.51	O	0.55	O	0.23	O	0.23	O	0.05	O	0.05	O	0.18	O	0.32	O	0.26
10	1.71	N O	3.01	N Q	2.64	N O	4.07	N O	1.57	N	0.79	S	0.69	S	0.37	S	1.86
11	0.92	S E	2.92	E	4.16	S	6.20	N O	6.89	N O	7.96	N O	8.24	N O	7.78	N O	5.63
12	2.08	N O	0.82	N	1.25	N O	5.88	N O	6.43	N O	3.10	N O	3.84	N O	4.63	N O	3.44
13	4.03	N O	2.50	N O	1.67	S	1.71	S	2.87	S	7.22	N O	7.03	N O	5.83	N O	4.11
14	4.30	N O	1.85	N O	1.71	S	1.53	O	0.92	O	1.44	S	1.06	S	1.48	S	1.79
15	2.32	S O	1.43	S O	2.13	O	2.59	N O	3.45	N	3.33	O	4.34	S O	1.85	O	2.27
16	1.39	O	2.36	O	1.94	O	2.87	O	4.91	O	5.42	O	4.72	N	4.86	N	3.56
17	6.20	N	6.29	N	6.38	N O	7.96	N O	9.03	N O	6.99	N O	5.69	N O	4.45	N O	6.62
18	3.33	N O	3.93	O	6.85	E	5.97	N E	8.66	N O	7.08	N O	6.94	N O	6.71	N O	6.18
19	4.72	N O	2.59	N O	5.24	O	6.43	O	7.68	N O	6.89	N O	5.74	N O	3.84	N O	5.39
20	3.47	N	3.38	N	3.33	N	3.75	N	3.94	N	4.44	N	2.68	N	1.58	N	3.32
21	1.11	N	1.48	N	2.36	S	2.18	S	4.25	S	0.69	S	1.34	O	2.45	O	1.61
22	4.21	S O	5.09	N O	5.83	O	6.06	O	5.31	O	3.89	S O	4.35	O	3.98	O	4.84
23	4.45	N O	4.81	N O	7.54	N O	6.99	N O	7.82	N O	9.54	N O	7.04	N O	4.95	N O	6.64
24	4.77	N O	1.99	N O	1.67	O	2.13	O	5.18	N O	5.97	N O	1.99	O	6.20	N O	3.74
25	2.13	N O	1.93	N O	3.05	N O	4.67	N O	6.85	N O	7.54	N O	-5.64	N O	4.03	O	4.48
26	4.27	N O	2.87	N O	2.64	O	1.85	O	2.25	O	1.58	O	1.06	O	1.30	O	2.23
27	1.71	N O	1.02	N O	0.97	O	1.67	O	4.10	O	0.88	O	1.53	O	1.99	O	1.36
28	1.81	N O	2.22	N O	2.73	O	2.32	O	1.06	O	1.25	O	1.25	O	1.11	O	1.72
29	1.67	O	2.32	O	0.79	O	0.69	O	0.55	O	0.65	O	0.65	O	1.20	O	1.06
30	2.92	S	3.10	S	1.34	S E	0.42	S E	1.62	S E	2.08	S E	1.25	S E	2.55	S	1.91
31	5.51	S	6.85	S	8.29	S	8.75	S	8.29	S	5.69	S	4.58	S	1.99	S	6.24
Moyen.	2.40		2.21		2.54		2.90		3.25		3.17		2.70		2.57		2.72

Vitesse moyenne et

PAR SECONDE ET PAR

DATES	22 h 40' à 1 h 40'		1 h 40' à 4 h 40'		4 h 40' à 7 h 40'		7 h 40' à 10 h 40'	
	m		m		m		m	
1	1.39	S	0.93	S	0.92	S	1.16	S
2	1.48	S	2.96	S	2.82	S	4.86	S
3	7.36	S	5.37	S	5.51	S	5.46	S
4	0.30	S	0.60	S	0.83	S	0.97	S
5	1.53	S	1.99	N O	1.53	N O	2.13	N O
6	3.61	N O	2.41	N O	2.96	N	1.67	N
7	0.97	N E	1.25	N E	1.16	S	1.16	S
8	0.51	N O	1.53	N O	1.30	N O	0.78	N O
9	1.29	N E	1.22	S	3.89	N	4.49	N O
10	1.99	N	1.90	N	1.53	N O	1.11	N O
11	1.76	N	1.36	N	0.97	N O	1.90	N O
12	1.30	N E	1.11	N E	2.31	N E	1.09	N E
13	3.29	N E	3.61	N E	3.67	E	5.09	S E
14	2.22	S E	1.66	S E	1.20	E	1.39	E
15	3.47	N O	5.14	N O	3.89	N O	5.83	N O
16	2.18	N O	2.27	O	0.93	O	1.25	O
17	0.83	N E	1.39	N E	0.79	N	0.23	N
18	0.79	N E	0.74	N E	0.46	N	1.02	N
19	2.50	S E	2.04	S E	1.72	E	1.11	E
20	3.47	N O	3.61	N O	6.57	N O	7.96	N O
21	8.93	N	11.57	N	7.91	N O	7.64	N O
22	6.06	N	7.99	N O	8.12	N O	9.40	N O
23	1.34	N E	0.32	N E	1.11	N E	1.76	N E
24	0.88	S E	0.46	S	0.42	N	2.55	S
25	0.55	S E	0.88	S E	1.11	S	0.97	S O
26	0.60	E	0.14	E	0.18	S E	0.92	S E
27	0.18	E	0.65	E	1.06	S	5.09	S E
28	2.73	S E	3.05	S	2.73	S	2.87	S
Moyen.	2.27		2.40		2.42		2.94	

Direction du vent.

PÉRIODES DE TROIS HEURES.

10 h 40' à 13 h 40'		13 h 40' à 16 h 40'		16 h 40' à 19 h 40'		19 h 40' à 22 h 40'		Par seconde et par jour
m		m		m		m		m
0.79	S	1.43	S E	0.42	S E	0.37	S E	0.93
7.68	S	8.29	S	8.29	S	8.98	S	5.66
4.03	S	2.96	S	2.48	S	1.02	S	4.31
3.93	S	4.03	S	2.59	S	1.02	S	1.78
5.55	N O	6.71	N O	4.63	N O	4.81	N O	3.61
4.48	N	1.90	N E	1.67	E	0.51	E	2.03
1.81	S	3.06	N O	2.82	N O	1.62	N O	1.73
3.89	N O	2.36	N O	1.12	N	0.74	N	1.53
4.35	N O	2.87	N O	4.17	N O	2.59	N O	3.11
0.74	N O	1.57	N O	0.51	N O	1.62	N O	4.37
3.84	E	1.85	E	2.08	E	1.71	E	1.37
1.11	N E	0.74	N E	1.71	N E	2.92	E	1.54
0.38	E	5.14	E	4.40	S	3.33	S	4.36
2.18	N E	2.78	O	3.61	N O	3.04	O	2.33
6.48	N O	5.83	N O	3.33	O	1.50	O	4.43
1.44	N E	1.39	N E	0.92	N E	0.32	N E	1.34
1.44	N	2.08	N	1.25	N	1.25	N	1.16
0.92	N	1.90	N	2.50	E	2.27	E	1.32
1.62	E	2.08	E	2.96	N O	3.89	N O	2.24
11.71	N O	9.99	N O	9.30	N O	6.80	N O	7.43
8.01	N O	11.53	N O	7.31	N O	5.83	N O	8.59
7.22	N O	7.97	N O	5.98	N O	2.72	N	6.70
1.71	N E	1.71	N E	0.97	N E	0.80	N E	1.21
3.75	S	2.04	S	1.67	S	0.65	S	1.58
1.90	S	1.99	S E	1.67	S E	0.55	S E	1.20
1.62	S E	2.22	S E	0.97	S E	0.23	S E	0.86
5.69	S E	6.29	S	4.02	E	1.30	E	3.97
3.89	S	3.10	E	2.13	E	0.92	E	2.68
3.78		3.75		3.02		2.28		2.87

MARS 1870. Vitesse moyenne et

PAR SECONDE ET PAR

DATES	22h 40' à 1h 40'		1h 40' à 4h 40'		4h 40' à 7h 40'		7h 40' à 10h 40'	
	m		m		m		m	
1	0.28	S E	0.18	S E	0.23	E	1.11	E
2	3.98	S E	3.33	S E	2.68	S E	4.54	S E
3	7.08	S E	5.60	S E	5.09	E	4.03	E
4	1.39	S	0.60	S	1.16	S	0.92	S
5	0.92	E	1.11	E	0.55	E	1.39	E
6	1.71	E	1.06	E	1.48	N	1.58	N
7	0.46	O	1.06	O	3.02	N	3.29	N
8	5.09	N	3.38	N	3.24	N O	4.26	N O
9	0.05	N	0.05	N	0.28	N	1.16	N
10	0.13	N O	2 00	N O	3.00	N O	4.03	N O
11	6.57	N	5.97	N	4.21	N	3.19	N O
12	2.36	N	3.75	N	3.57	N O	4.95	N O
13	1.06	N	2.59	N	2.45	N O	4.77	N O
14	5.05	N O	4.86	N O	6.66	N O	5.69	N O
15	0.05	N	0.32	N	0.65	N O	0.46	N
16	1.06	S	1.48	S	1.48	S	0.60	S
17	1.02	N	1.03	O	1.85	O	1.94	N O
18	4.33	N O	4.73	N O	5.09	N	7.91	N O
19	5.37	N O	5.51	N	5.14	N O	5.92	N O
20	3.57	N	4.04	N	4.71	N E	5.28	N
21	3.84	N O	3.56	N O	4.58	N O	5.92	N O
22	5.51	N	5.97	N	4.81	N O	6.34	N O
23	2.64	N O	4.95	N O	8.52	N O	6.99	N O
24	5.97	N O	10.42	N	10.23	N O	11.44	N O
25	5.65	N	3.70	N	3.47	N O	6.43	N
26	1.20	N O	1.76	N O	1.30	N O	2.87	O
27	5.09	N O	5.92	N	7.64	N O	8.61	O
28	6.29	N O	7.36	N O	7.91	N O	9.77	N O
29	10.56	N O	7.87	N O	9.78	N O	8.33	N O
30	8.29	N O	6.25	N O	5.92	N O	7.96	N O
31	7.40	N O	6.85	N O	7.78	N O	8.70	N O
Moyen.	3.68		3.78		4.14		4.85	

Direction du vent. MARS 1870.

PÉRIODES DE TROIS HEURES.

10h 40' à 13h 40'		13h 40' à 16h 40'		16h 40' à 19h 40'		19h 40' à 22h 40'		Par seconde et par jour.
m		m		m		m		m
2.91	E	3.38	E	2.64	E	2.41	S E	1.64
5.37	S E	6.80	E	10.05	S E	6.99	S E	5.47
7.59	S E	6.99	S	2.87	S	3.66	S	5.36
2.36	N	2.18	E	1.62	E	0.97	E	1.40
1.39	E	1.95	E	0.60	E	1.16	E	1.13
2.08	N	2.45	E	2.18	E	1.07	O	1.70
4.91	N O	6.06	N O	5.74	N O	4.68	N O	3.65
4.21	N O	3.61	N O	2.45	N	0.65	N	3.36
0.74	N O	1.99	S	0.97	S	0.55	O	0.72
7.03	N O	7.40	N O	6.71	N O	6.53	N O	4.60
6.20	N O	4.35	N O	6.17	N O	4.54	N O	5.15
3.98	N O	3.89	N O	3.80	N	2.78	N O	3.63
6.94	N O	8.47	N O	4.68	N O	2.78	N O	4.22
6.75	N O	7.31	N O	2.45	N O	0.46	O	4.90
1.39	E	0.97	E	1.20	E	0.65	E	0.71
1.53	S	2.92	S	0.83	S	1.90	N O	1.47
2.36	N O	3.19	N O	4.07	N O	4.58	N O	2.38
8.66	N O	6.94	N O	6.48	O	6.11	N O	6.29
6.29	N O	6.94	N O	4.54	N O	3.52	N O	5.40
5.85	N O	6.43	N	6.34	N O	3.98	N O	5.02
5.05	N O	4.95	N O	5.28	N O	3.98	N O	4.64
5.69	N O	4.58	N O	1.44	N O	1.39	N O	4.47
9.72	N O	7.40	N O	5.97	N O	6.48	N O	6.58
10.42	N O	9.30	N O	9.12	N O	6.11	N O	9.13
6.24	N O	5.42	N O	3.43	N	1.20	N	4.44
2.88	N	6.66	N O	5.74	N O	5.51	N O	3.49
8.47	N O	10.42	N O	9.35	N O	7.22	N O	7.84
10.69	N O	11.02	N O	9.21	N O	9.03	N O	8.91
10.46	N O	10.42	N O	8.75	N O	7.13	N O	9.16
8.29	N O	8.65	N O	7.73	N O	7.91	N O	7.62
9.31	N O	9.72	N O	6.85	N O	5.83	N O	7.80
5.67		5.90		4.81		3.93		4.59

 Vitesse moyenne et

DATES	22 h 40' à 1 h 40'		1 h 40' à 4 h 40'		4 h 40' à 7 h 40'		7 h 40' à 10 h 40'	
	m		m		m		m	
1	4.86	N O	3.52	N O	3.93	N O	6.06	N O
2	1.39	N O	4.39	N O	1.39	O	1.44	O
3	1.85	S E	1.11	S E	1.20	S O	1.76	S E
4	1.25	S E	1.06	S E	1.62	S E	0.69	S E
5	0.79	E	1.39	E	0.55	N O	4.12	S
6	2.87	S E	2.55	S E	2.32	E	4.26	S E
7	0.92	S	0.69	S	3.43	E	3.70	E
8	0.46	E	0.14	E	0.73	E	3.75	S E
9	5.39	S E	4.45	S E	3.01	S	2.87	S
10	3.10	N O	3.56	N O	3.01	N O	5.60	N O
11	2.92	N O	3.84	N O	3.98	N O	5.14	N O
12	3.66	N O	3.05	N O	3.56	N O	5.00	N O
13	2.18	N O	2.22	N O	2.92	N O	4.03	N O
14	4.21	N O	4.03	N O N	3.10	N O	5.65	N O
15	4.21	N O	4.45	N	6.06	N O	7.82	N O
16	6.71	N	6.39	N	7.54	N O	7.54	N O
17	0.97	N	0.60	N	0.97	N	1.16	N
18	1.16	S E	0.37	S E	0.65	E	3.93	E
19	5.44	S	4.26	S	1.25	N E	3.01	E
20	0.97	S E	0.74	S E	0.65	N O	5.97	S E
21	0.78	S E	1.46	S E	0.83	O	1.67	N
22	1.20	E	1.20	E	1.99	O N E	3.29	N N
23	0.28	E	0.18	E	0.74	E	1.90	E
24	2.59	E	2.18	E	2.55	N O	4.54	N O
25	2.13	N O	2.36	N O	3.47	N O	6.80	N
26	1.46	O	0.14	O	0.65	O	1.30	O
27	0.32	S E	0.09	S E	0.51	E	1.67	E
28	4.17	N O	3.52	N O	4.40	N	6.20	N
29	2.36	N	2.04	N	2.64	N	4.03	N O
30	2.91	N O	2.86	N O	3.10	N	4.77	O
Moyen.	2.43		2.17		2.42		3.99	

Direction du vent.

PÉRIODES DE TROIS HEURES.

10 h 40' à 13 h 40'		13 h 40' à 16 h 40'		16 h 40' à 19 h 40'		19 h 40' à 22 h 40'		Par seconde et par jour.
m		m		m		m		m
4.72	N O	3.66	N O	3.28	N	1.43	N O	3.93
2.08	N	3.01	E	1.57	S E	1.48	S E	1.72
4.81	E	6.11	S E	2.78	S E	1.20	S E	2.60
2.36	E	2.27	E	0.79	E	0.83	N O	1.36
7.99	S	7.61	S E	5.40	E	0.19	O D	5.70
4.40	S E	3.66	S E	0.78	S E	1.11	S E	2.74
5.05	N E	2.78	N E	1.02	E	0.74	E	2.29
5.65	E	6.66	S E	4.72	S E	3.68	S E	3.22
2.64	S E	1.94	N E	2.32	N O	2.88	N O	3.19
5.55	N O	4.72	N O	2.59	N O	1.95	N O	3.76
5.97	N O	6.34	N O	5.55	N O	4.17	N O	4.74
3.38	N O	3.52	N O	4.07	N O	4.35	N O	3.82
4.91	N O	5.60	N O	5.55	N O	3.98	N O	3.92
6.89	N O	6.80	N O	5.60	N O	5.28	N O	5.21
7.59	N O	8.42	N O	7.73	N O	6.94	N O	6.65
6.94	N O	7.17	N	5.60	N	2.41	N	6.29
3.38	N E	3.47	S E	1.06	E	0.97	N E	1.57
7.50	E	6.52	S	5.32	S E	4.68	E	3.77
4.82	S	5.41	S E	2.22	E	1.58	N E	3.46
7.68	S E	6.20	E	4.03	N E	1.16	E	3.42
3.01	E	1.90	E	0.32	N	0.60	N	1.29
2.18	E	1.48	E	0.93	N E	0.28	N E	1.57
1.39	E	1.72	E	1.16	E	1.81	E	1.15
4.54	N O	5.23	N O	5.09	N O	3.56	N O	3.78
5.42	N	4.98	N	3.61	N O	2.94	O	3.96
2.96	E	3.33	S E	0.65	E	0.69	E	1.30
4.54	E	5.23	N O	5.41	N O	5.69	N O	2.93
6.34	N O	6.11	N O	5.37	N O	3.75	N O	4.98
5.04	N O	5.60	N O	4.35	N O	2.37	N O	3.55
5.65	O	5.60	N O	4.49	N O	3.33	O	4.03
4.82		4.77		3.45		2.63		3.33

 Vitesse moyenne et Direction du vent.

PAR SECONDE ET PAR PÉRIODES DE TROIS HEURES.

DATES	22 h 40' à 1 h 40'		1 h 40' à 4 h 40'		4 h 40' à 7 h 40'		7 h 40' à 10 h 40'		10 h 40' à 13 h 40'		13 h 40' à 16 h 40'		16 h 40' à 19 h 40'		19 h 40' à 22 h 40'		Par seconde et par jour.
	m		m		m		m		m		m		m		m		m
1	1.44	N O	1.20	N O	0.55	N	0.14	O	0.97	N	0.79	N	0.00	O	0.65	N O	0.72
2	1.20	N O	0.09	N O	0.00	N O	0.42	N O	1.20	O	1.02	N	0.65	N O	0.18	N	0.59
3	0.42	N O	0.09	N O	0.14	N O	1.07	N	1.58	N E	0.42	O	0.18	N O	0.00	N O	0.49
4	0.00	N O	0.00	N O	0 05	O	2.04	N E	2.73	N O	3.19	N O	2.92	N E	1.20	N O	1.52
5	0.32	N	0.09	N	0.23	N O	4.17	N O	4.17	N	4.03	N	4.17	N O	2.73	N O	2.49
6	2.36	N O	0.65	N O	2 08	N O	4.87	N O	4.44	N O	4.81	N O	5.37	N O	2.22	N O	3.35
7	1.44	N O	2.32	N O	3.10	N O	4.17	N	5.14	N O	3.75	N	2.18	N	2.36	O	3.06
8	2.32	N O	1.30	O	1.39	N O	1.34	O	4.21	S	3 70	S	2.64	S	1.16	S O	2.26
9	3.60	S	0.97	S	0.92	S O	1.02	S	1.20	S	1.62	S E	0.88	S E	0.69	S O	1.36
10	1.06	S E	0.55	S E	0.88	S O	1.90	O	3.36	E	1.76	E	1.71	E	0.55	E	1.47
11	1.39	S	1.16	S O	0.32	E	1.71	E	3.15	S E	4.03	E	1.34	S E	1.02	S E	1.76
12	0.88	S E	1.30	S E	1 53	E	1.71	E	1.39	E	1.53	S	1.44	S	1.25	S	1.38
13	0.37	S E	0.74	S E	0.97	S E	2.32	S E	3.01	E	2.08	E	1.32	E	0.69	E	1.44
14	0.65	E	0.32	E	0.37	E	1.30	E	1.71	E	2 04	E	1.05	E	0.60	E	1.00
15	1.06	S E	1.06	S E	0.92	E	2 22	E	3.19	E	4.68	S E	3.15	S E	1.53	S E	2.23
16	1.20	N E	0.65	N E	1.71	N E	2.45	E	2.59	E	1.25	E	0.51	E	1.25	E	1.45
17	0.28	E	1.02	E	0.69	E	1.62	E	2.32	E	2.23	E	0.97	E	0.46	E	1.20
18	1.39	S E	1.30	S E	1 58	E	1.53	E	1.99	E	1.62	E	0.51	E	0.41	E	1.29
19	0.88	E	0.92	E	0.93	E	0.88	E	1.67	E	1.95	E	0.65	E	0.65	E	1.07
20	1.06	E	1.72	E	1.44	E	1.16	E	2.55	E	3.42	E	1.94	E	0.65	E	1.74
21	1.43	S E	1.34	S O	0.28	E	1.44	E	2.64	E	2.64	E	1.99	E	0.51	E	1.53
22	0.65	S E	0 79	S E	0 88	E	1.90	E	3.01	E	3.01	E	1.76	E	1.85	E	1.73
23	0.55	N E	0 60	N E	1.11	E	1 06	E	2.73	E	2.04	E	3.56	E	3.70	E	1.92
24	2.69	N O	4 26	N O	4.07	O	5.51	N O	5.46	N O	4.91	N O	4.86	N	2.64	N O	4.30
25	2.13	N O	2 96	N O	2.50	O	3.01	N	3.93	N E	3.70	N E	3.01	N	2.45	N O	2.96
26	1.30	N O	1.20	N O	1.57	O	2.18	O	2.22	E	2.96	S E	1.53	E	1.85	E	1.85
27	1.34	S O	0.65	S O	0.69	E	3.15	S E	3.15	E	1.90	E	0.74	E	1.06	E	1.58
28	0 69	S E	0.78	S E	0 92	E	1.53	E	1.90	E	2.78	O	1.95	O	1.85	O	1.55
29	1.25	N O	0.97	N O	1.71	N O	2.04	N O	1.99	O	2.64	O	2.59	N O	1.57	N O	1.84
30	2.18	N	1 39	S E	0 74	N	3.94	E	5.23	E	4.03	E	1.62	E	0.69	E O	2.48
31	2.31	O	2.96	O	3.56	N O	4.30	N O	3.61	N O	2.22	N O	2.92	N O	2.08	O	2.99
Moyen.	1.20		1.14		1.22		2.20		2.85		2.67		1.94		1.31		1.83

Vitesse moyenne et Direction du vent — Périodes de trois heures (valeurs en m par seconde).

DATES	22 h 40' à 1 h 40'		1 h 40' à 4 h 40'		4 h 40' à 7 h 40'		7 h 40' à 10 h 40'		10 h 40' à 13 h 40'		13 h 40' à 16 h 40'		16 h 40' à 19 h 40'		19 h 40' à 22 h 40'		Par seconde et par jour
	m		m		m		m		m		m		m		m		m
1	3.80	N O	3.89	N O	4.58	N O	5.28	N O	6.57	N	5.88	N O	5.23	N O	3.10	N O	4.70
2	2.64	N O	3.15	N O	2.18	O	4.08	N O	3.33	N O	4.17	N O	4.12	N O	2.96	N O	3.33
3	1.39	O	1.81	O	0.88	N O	2.64	O	3.05	N	3.75	N O	3.98	N O	1.95	N O	2.43
4	1.67	N O	2.04	N O	2.92	O	6.52	N	6.52	N O	5.88	N O	5.32	N O	3.38	O	4.28
5	2.73	N O	2.41	N O	4.77	N O	6.42	N O	7.64	N O	7.10	N O	5.46	N O	3.33	N O	4.99
6	3.24	N O	4.26	N O	4.86	N O	5.69	N O	6.62	N O	5.18	N O	2.27	E	3.61	N O	4.47
7	3.94	N O	4.16	N O	2.22	N O	5.46	N O	5.18	N O	6.25	N O	3.75	N O	3.89	N O	3.98
8	1.81	N O	1.48	N O	1.06	N O	4.50	N	1.61	E	4.81	E	1.20	E	1.16	E	1.83
9	0.69	E	2.68	E	3.05	N O	2.59	N O	1.90	N O	2.78	N O	1.81	N O	2.87	N O	2.22
10	3.33	N O	5.92	N O	6.15	N	4.03	N O	4.03	N O	4.77	N O	4.58	N O	4.28	N O	4.65
11	4.86	N O	2.78	N O	3.61	N O	4.95	N O	4.18	N	3.80	N O	3.56	N O	2.27	O	3.75
12	2.45	N O	1.57	O	1.67	N O	1.48	N O	2.45	E	2.87	S E	1.30	S E	2.55	O	2.04
13	1.57	O	1.71	O	1.25	N	2.04	N E	3.29	E	2.78	E	1.72	E	1.16	E	1.94
14	1.02	N E	0.42	N E	1.16	E	1.71	E	2.08	E	2.27	E	1.02	E	1.62	N O	1.41
15	2.50	O	3.38	O	1.76	N O	1.90	N O	2.68	E	1.85	E	0.69	E	0.74	E	1.94
16	0.09	E	0.46	E	0.61	E	1.25	E	2.50	E	2.18	E	2.68	N E	2.18	N E	1.49
17	0.83	N	1.11	N O	0.37	N E	0.92	N E	1.53	E	2.04	E	0.88	E	1.95	N	1.20
18	2.31	N O	3.15	N O	2.64	N O	3.15	N O	4.49	N O	4.49	N O	4.40	N O	3.66	N O	3.54
19	1.80	N O	2.68	N O	3.43	N O	3.84	N O	2.92	N O	3.24	N O	3.70	N O	2.45	O	3.01
20	1.62	O	1.58	O	1.85	N O	3.24	N O	1.90	N	2.55	N	2.04	N O	2.22	N O	2.13
21	2.41	O	1.62	O	0.65	O	2.50	O	2.27	E	1.00	E	1.11	O	1.53	S O	1.77
22	0.79	O	0.28	O	0.18	O	0.92	O	2.82	S	3.38	S	0.51	E	1.99	S O	1.86
23	0.65	S O	0.28	S O	0.55	S	1.81	E	1.67	E	2.27	E	0.32	E	0.93	E	1.06
24	0.79	E	1.39	N O	1.06	N O	0.65	N O	2.55	N O	3.47	N O	3.56	N O	5.46	O	2.37
25	6.20	N O	5.46	N O	4.12	O	4.07	O	6.20	N O	5.18	N O	3.52	N O	0.05	N O	4.35
26	0.05	N O	1.11	N O	1.25	N O	2.87	N	3.61	N O	3.24	N O	2.55	N	1.25	N O	1.99
27	1.67	N O	0.79	N O	0.22	N O	0.00	N O	2.03	N O	2.54	S E	2.04	S E	0.72	S E	1.25
28	0.18	S E	0.78	S E	1.24	N O	1.16	N O	0.46	N	1.85	S E	1.53	S E	0.18	S	0.92
29	0.78	S E	0.28	S E	0.32	S	2.17	S	2.68	E	1.69	E	0.83	E	0.92	N O	1.21
30	0.59	S E	0.88	S E	1.53	N O	4.12	N O	2.36	N E	3.66	N O	3.38	O	2.31	N O	2.35
Moyen.	1.95		2.00		2.07		3.07		3.37		3.50		2.63		2.23		2.60

 Vitesse moyenne et Direction du vent.

PAR SECONDE ET PAR PÉRIODES DE TROIS HEURES.

DATES	22 h 40' à 1 h 40'		1 h 40' à 4 h 40'		4 h 40' à 7 h 40'		7 h 40' à 10 h 40'		10 h 40' à 13 h 40'		13 h 40' à 16 h 40'		16 h 40' à 19 h 40'		19 h 40' à 22 h 40'		Par seconde et par jour.
	m		m		m		m		m		m		m		m		m
1	5.18	N O	3.89	N O	2.69	N	3.33	N O	4.35	N O	4.54	N O	3.24	N O	3.19	N O	3.80
2	4.44	N O	4.54	N O	5.09	N	4.95	N	4.91	N	4.63	O	5.18	N O	3.06	N O	4.60
3	3.56	N O	1.06	N O	1.67	N O	2.36	N O	2.82	O	3.01	N O	3.56	N E	3.61	N O	2.71
4	2.91	N O	2.69	O	4.21	N O	4.77	N	4.31	N	4.35	N O	4.17	N	2.73	N	3.77
5	2.27	N O	1.90	O	1.39	N O	1.94	N O	2.55	E	2.45	E	1.34	E	1.16	E	1.87
6	0.46	E	1.39	E	0.55	E	1.34	E	2.22	E	2.32	E	1.53	E	0.55	E	1.29
7	0.18	E	0.42	E	0.09	E	1.16	E	2.36	E	2.13	E	0.83	E	0.37	E	0.94
8	1.20	E	0.41	E	1.06	E	1.85	E	2.73	E	3.98	S E	1.71	S E	2.27	S E	1.90
9	0.55	E	1.16	E	0.55	E	1.34	N E	2.59	E	3.29	E	2.22	N E	0.46	N E	1.52
10	0.05	N	0.09	N	0.46	N E	1.76	N E	3.52	E	2.82	N E	2.04	N E	1.30	N E	1.50
11	1.48	N E	0.51	N E	0.79	N E	2.05	E	4.21	S E	7.59	S	2.64	N E	1.53	N E	2.60
12	2.18	N O	2.22	N O	2.55	N O	3.56	N O	5.18	N O	6.80	N O	5.32	N O	3.47	N O	3.91
13	1.90	N O	1.44	N O	0.83	N O	2.55	O	4.07	N O	4.03	N O	5.37	N O	4.44	N O	3.08
14	2.92	N O	2.50	N O	2.64	N O	4.07	N O	3.01	N O	2.08	N O	0.55	N	1.67	N O	2.43
15	0.92	N O	0.23	N O	0.05	N O	1.16	N E	1.67	E	1.95	E	2.04	E	0.23	E	1.03
16	0.09	N	0.23	N	0.93	N O	3.75	O	3.94	N O	5.46	N O	5.92	O	4.45	N O	4.00
17	5.28	N O	2.92	O	4.35	N O	6.62	N O	7.91	N O	7.40	N O	6.01	N O	6.61	N O	5.90
18	5.23	N O	5.00	N O	7.36	N O	8.01	N O	7.59	N O	7.54	N O	6.94	N O	6.29	N O	6.74
19	5.41	N O	3.56	N O	3.70	N O	5.09	N O	5.55	N O	5.78	N O	7.14	N O	5.60	N O	5.23
20	5.05	N O	4.40	N O	5.05	N O	4.82	N O	4.45	N O	4.81	N O	4.44	N O	3.80	N O	4.60
21	2.87	O	1.30	O	1.71	N O	2.64	N E	3.33	N E	1.95	S E	0.32	S E	0.59	S O	1.84
22	2.08	N E	1.30	N E	0.97	S O	0.18	S O	1.57	E	2.92	N O	2.92	N O	2.69	N O	1.43
23	1.06	N O	1.30	N O	0.19	O	2.36	E	2.08	E	1.95	E	0.97	E	0.41	E	1.29
24	0.09	N O	0.05	N O	0.46	E	1.99	E	2.41	E	2.32	E	1.31	E	0.55	E	1.15
25	0.65	N	0.97	N	1.48	N O	3.42	O	3.66	O	5.14	O	5.05	N O	3.89	N O	3.03
26	2.55	N O	2.22	N O	3.01	N	4.81	N	5.65	N O	4.91	N O	4.82	N O	2.78	N O	3.84
27	4.21	N O	5.23	N O	3.33	O	4.63	O	3.70	N O	4.17	O	2.96	N	2.08	N	3.79
28	3.24	N O	1.48	N O	1.39	O	1.11	O	1.11	S E	1.94	S	1.34	O	0.23	O	1.48
29	0.41	O	0.32	O	0.00	O	0.55	N O	3.00	E	2.18	S	1.06	S	2.18	O	1.24
30	0.37	S O	0.92	S O	0.60	O	0.69	O	3.61	E	5.78	S	4.07	S	0.65	E	2.09
31	0.74	S	0.55	S	0.09	N E	1.48	N E	1.99	N E	0.83	N E	0.74	N E	0.05	N E	0.81
Moyen.	2.24		1.81		1.91		2.92		3.62		3.91		3.15		2.35		2.74

 Vitesse moyenne

PAR SECONDE ET PAR

DATES	22h 40' à 1h 40'		1h 40' à 4h 40'		4h 40' à 7h 40'		7h 40' à 10h 40'	
	m		m		m		m	
1	0.05	N E	0.05	N E	0.00	N E	0.65	N E
2	0.09	E	0.32	E	0.32	E	4.12	E
3	1.99	N O	4.17	N O	4.40	N O	2.78	O
4	5.74	N O	4.40	O	5.14	N O	4.12	N O
5	1.20	S	4.81	S	1.06	S	1.13	N E
6	2.41	N O	2.73	N O	2.73	N E	4.40	N O
7	3.29	N O	1.20	N O	1.39	N O	0.97	N O
8	2.82	N O	1.48	O	1.44	N O	1.71	N O
9	4.77	N O	5.28	N O	5.92	N O	5.97	N O
10	4.40	N O	3.01	N O	4.35	N O	3.56	O
11	0.79	N O	1.30	N O	1.06	N	2.87	N
12	1.76	N O	1.02	N O	0.83	N	2.59	N O
13	2.08	N O	2.08	N O	1.16	N O	2.36	N O
14	0.00	E	0.69	E	0.37	N	0.60	E
15	0.83	E	0.83	E	1.67	S E	1.67	E
16	3.43	N O	2.73	N O	2.08	O	1.44	N O
17	2.64	S	2.82	E	1.25	N	0.51	N O
18	0.83	E	0.83	E	1.67	E	1.11	E
19	1.53	S O	0.51	S O	0.36	E	2.45	N
20	4.54	N O	5.83	N O	5.14	N O	6.71	N O
21	1.57	O	3.42	N O	3.61	N O	3.89	N O
22	1.30	N	1.48	N	1.25	N O	1.39	N O
23	1.99	S O	1.34	S O	0.79	E	0.83	E
24	1.25	N	1.20	N	1.20	N E	1.25	N O
25	0.65	N O	0.79	N O	1.85	N O	2.82	O
26	1.30	N O	1.02	N O	1.48	N O	2.13	O
27	2.08	N O	2.55	N O	3.80	N	6.25	N O
28	1.16	N O	1.44	N O	0.93	N O	1.16	N O
29	1.85	S O	0.02	N O	1.48	N	1.53	N O
30	0.69	O	1.02	O	1.20	N	1.25	N
31	1.38	O	0.28	S E	0.83	N O	2.17	N
Moyen.	1.95		1.91		1.96		2.46	

Direction du vent

PÉRIODES DE TROIS HEURES

DATES	10h 40' à 13h 40'		13h 40' à 16h 40'		16h 40' à 19h 40'		19h 40' à 22h 40'		Par seconde et par jour
	m		m		m		m		m
1	1.99	N E	1.95	E	1.89	E	0.46	E	0.79
2	7.91	E	3.89	E	2.45	N	1.76	N	2.61
3	4.57	N O	2.45	N O	4.35	N O	4.91	N	3.71
4	3.04	N O	2.22	N	1.34	S	1.72	S	3.35
5	2.55	E	1.62	E	4.31	N O	3.19	N O	2.34
6	4.68	N E	4.31	N O	3.24	N O	1.71	N O	3.28
7	1.58	O	2.68	E	1.11	E	2.31	N O	1.82
8	1.76	N O	1.02	N O	2.55	N O	2.50	N O	1.91
9	5.44	N O	6.15	N O	4.49	N O	4.44	N O	5.30
10	2.87	N O	3.52	N O	2.64	N	0.79	N	3.14
11	4.31	N O	4.63	N O	4.07	N O	2.45	N O	2.68
12	3.98	O	3.66	O	2.45	N O	2.27	N O	2.39
13	2.92	N E	1.95	E	1.02	E	0.09	E	1.71
14	2.13	E	1.67	E	0.83	E	0.83	E	0.89
15	1.67	E	1.67	E	1.67	N E	1.67	N E	1.46
16	1.11	N O	1.34	N O	1.11	N O	1.85	N O	1.89
17	0.83	E	0.83	E	1.67	E	1.67	E	1.53
18	1.34	N E	3.10	N	1.43	E	0.65	S E	1.37
19	6.57	N O	5.65	N O	2.92	O	4.49	N O	3.66
20	6.80	O	8.34	N O	3.66	O	1.16	N O	5.02
21	5.14	N O	5.09	N O	4.21	N O	2.55	N O	3.76
22	1.20	N	3.42	S	1.43	E	1.16	E	1.58
23	1.81	E	2.22	S E	1.06	E	1.43	E	1.43
24	0.83	N O	2.13	N O	1.06	N O	0.69	N O	1.20
25	2.91	O	3.33	O	1.94	N O	0.97	N O	1.91
26	3.01	O	2.96	O	2.78	N O	2.64	N O	2.16
27	5.97	N E	6.20	N E	5.64	N	1.44	N E	4.20
28	2.91	E	2.45	E	0.60	N E	1.16	E	1.48
29	1.80	N O	1.57	O	1.16	O	0.46	O	1.31
30	2.50	N O	2.41	O	4.99	O	2.50	O	1.69
31	1.62	E	1.57	E	2.04	S E	1.53	S E	1.43
	3.11		3.05		2.34		1.84		2.33

Vitesse moyenne et Direction du Vent.

PAR SECONDE ET PAR PÉRIODES DE 3 HEURES.

DATES	22 h 40' à 1 h 40'		1 h 40' à 4 h 40'		4 h 40' à 7 h 40'		7 h 40' à 10 h 40'		10 h 40' à 13 h 40'		13 h 40' à 16 h 40'		16 h 40' à 19 h 40'		19 h 40' à 22 h 40'		Par seconde et par jour.
	m		m		m		m		m		m		m		m		m
1	1.16	N O	0.80	N O	1.34	O	1.11	O	2.87	N	3.33	N E	1.71	E	0.23	E	1.54
2	0.51	E	0.37	E	0.46	E	1.20	E	2.27	E	2.41	E	1.29	E	1.11	E	1.20
3	0.32	E	0.88	E	0.37	E	2.04	E	2.78	N	2.96	N	3.19	O	2.92	O	1.93
4	1.30	N O	1.20	N	1.06	N O	1.90	N O	1.71	S	2.59	S	0.65	S	1.30	S	1.39
5	1.67	O	0.65	O	1.02	E	2.73	E	3.10	E	4.12	E	1.43	S E	1.11	S E	1.98
6	5.49	S E	10.00	S E	6.62	E	5.74	E	7.87	E	7.03	S	4.21	S E	0.88	S E	5.98
7	0.69	S E	0.88	S O	2.92	S	4.17	S	8.01	S	8.15	S	7.64	N O	8.05	N O	5.06
8	7.50	N O	4.58	N O	6.38	N O	7.40	N O	5.97	N O	3.75	N O	1.39	N O	0.42	N O	4.67
9	1.22	S O	1.58	S O	0.79	O	1.48	N O	2.78	E	2.18	N E	0.88	E	0.46	E	4.42
10	1.25	N	1.02	N	0.69	N	0.01	N	2.36	E	1.85	E	0.60	E	0.65	E	1.17
11	0.32	E	0.51	E	0.78	E	1.67	E	1.99	E	0.88	E	0.19	E	0.18	E	0.81
12	0.55	N	0.51	N	1.02	E	1.02	E	2.50	E	2.41	S	0.97	E	1.30	E	1.28
13	1.34	N	0.69	N	1.43	E	1.99	E	2.27	E	2.22	E	1.02	E	1.53	E	1.58
14	1.02	S O	0.83	S O	1.25	E	0.37	E	1.25	E	2.31	E	1.16	E	1.85	E	1.25
15	2.27	N O	2.73	N O	3.47	E	4.12	N O	5.32	N O	6.48	O	5.65	N O	4.44	N O	4.31
16	2.36	N O	1.99	N	1.90	N O	3.43	N	5.55	N E	5.05	N	1.68	N	2.27	N	3.03
17	1.74	N	1.34	N	1.67	N	1.67	N	2.96	E	2.22	E	0.97	E	1.39	E	1.74
18	0.69	N E	1.62	N E	1.67	S O	0.97	S O	1.48	E	1.57	E	0.51	E	0.46	E	1.12
19	0.14	S O	0.31	S O	1.44	E	2.17	S	3.15	E	2.31	E	0.83	E	0.18	E	1.32
20	0.14	N E	0.09	N E	0.05	E	0.37	E	1.34	E	3.19	S E	3.15	S E	0.92	S E	1.16
21	1.30	S E	0.92	S E	0.74	S E	1.30	E	1.20	E	2.36	E	0.83	N	1.81	N O	1.31
22	2.08	N O	1.71	N O	2.55	O	4.58	O	5.28	N O	4.86	N O	2.96	N E	1.11	N E	3.14
23	1.06	N O	1.06	N O	0.83	N O	1.67	N O	2.82	N E	2.59	E	3.52	S E	2.45	S E	2.00
24	2.82	S E	1.06	S E	2.87	S E	5.28	E	6.34	S	6.06	S E	2.27	S	1.16	S	3.48
25	0.97	S E	1.48	S E	0.79	S	1.02	S E	2.08	E	2.73	E	1.34	E	0.88	N E	1.41
26	0.65	E	0.79	O	0.74	E	1.20	E	2.27	E	1.85	E	0.16	E	1.11	E	1.10
27	0.65	O	0.79	O	1.11	E	1.57	N	2.45	E	2.92	S	1.02	S	0.79	S	1.41
28	0.51	N O	0.88	N O	0.92	S E	0.79	S E	1.90	E	3.29	S E	1.39	S E	0.46	S E	1.27
29	0.32	S E	0.28	S E	0.83	S E	1.43	S E	2.82	E	3.24	E	1.06	E	1.30	E	1.41
30	1.76	S O	1.85	S O	1.67	E	0.83	E	1.90	E	1.62	E	0.41	E	0.18	E	1.28
Moyen.	1.46		1.44		1.65		2.18		3.22		3.28		1.80		1.43		2.06

Vitesse moyenne et Direction du Vent.

PAR SECONDE ET PAR PÉRIODES DE 3 HEURES.

DATES	22h 40' à 1h 40'	1h 40' à 4h 40'	4h 40' à 7h 40'	7h 40' à 10h 40'	10h 40' à 13h 40'	13h 40' à 16h 40'	16h 40' à 19h 40'	19h 40' à 22h 40'	Par seconde et par jour
	m	m	m	m	m	m	m	m	m
1	0.42 E	1.25 E	6.05 S E	5.83 S E	5.46 S E	4.81 E	2.73 S E	1.34 S E	3.11
2	0.92 S O	1.44 S O	1.85 S	4.31 E	4.82 E	3.94 E	1.06 E	0.97 E	2.41
3	1.30 O	1.07 O	2.13 S O	1.85 S O	3.47 S	3.28 E	1.57 E	1.25 S E	2.08
4	1.07 S E	1.48 S E	1.44 S	0.97 S E	2.50 E	3.42 E	1.11 E	1.20 E	1.72
5	2.13 S E	1.81 S E	2.18 S E	1.16 S	1.76 S E	3.15 S E	1.39 E	0.92 E	1.81
6	2.04 S O	1.62 S O	1.39 E	0.88 E	2.90 E	3.87 E	1.48 S E	0.97 S E	1.89
7	1.82 S E	1.53 S O	1.44 S E	0.97 S E	1.16 S E	1.20 S E	0.60 S E	0.42 S E	1.12
8	1.09 N	1.30 S	0.97 S E	1.20 S E	1.06 S E	1.34 S E	0.92 S E	1.38 S E	1.16
9	1.06 S	0.60 S	1.25 S E	2.36 S	7.08 N O	5.69 N O	2.92 N O	3.47 N O	3.05
10	2.59 N O	1.62 O	1.58 O	2.41 O	2.64 N O	3.10 S	8.05 N O	9.26 N O	3.94
11	6.06 N O	6.20 N O	5.09 N O	6.80 N O	6.38 O	3.47 O	2.08 N O	0.65 E	4.59
12	0.55 N O	0.55 N O	1.11 N	1.71 N O	2.04 N O	2.22 O	3.01 S O	2.45 S O	1.70
13	2.55 O	1.16 N O	4.57 N O	3.75 N O	3.01 N O	2.59 N O	1.67 N O	2.41 N O	2.34
14	1.66 N O	0.83 N	2.04 N O	1.30 N O	1.02 N O	1.76 O	0.42 O	0.37 O	1.17
15	0.65 O	1.20 O	1.44 N O	1.20 N O	3.01 N	2.13 N E	4.40 N O	4.86 N O	2.36
16	5.51 N O	3.10 N O	3.24 N O	6.71 N O	5.41 N O	2.96 N O	1.11 N O	0.90 N O	3.62
17	0.64 O	1.44 O	1.76 N O	0.60 N O	1.48 N O	2.64 N O	2.87 N O	2.82 N O	1.78
18	2.13 N O	1.06 N O	0.87 N O	1.06 N O	1.85 N	3.01 S E	0.92 E	1.06 E	1.49
19	1.45 N O	0.97 N O	0.74 E	0.88 E	2.08 E	1.67 E	0.46 E	0.65 E	1.07
20	0.88 E	1.30 E	1.06 E	1.39 E	3.15 N	4.72 N O	4.49 N O	3.61 N O	2.57
21	3.24 N O	4.77 N O	4.44 O	6.71 N O	8.24 N O	6.62 N O	4.72 N O	1.94 N O	5.08
22	2.59 N	2.08 N	1.67 N	1.44 N	1.30 E	2.50 E	1.07 E	1.57 E	1.78
23	1.06 E	1.81 S	1.20 S	0.97 S	1.25 S	1.34 S	0.93 S	1.53 S	1.26
24	2.36 O	4.12 N O	7.12 N O	9.81 N O	10.14 N O	7.36 N O	7.45 N O	6.57 N O	6.87
25	4.77 N O	2.14 O	1.76 S O	3.94 O	5.18 N O	4.35 N O	2.87 N O	1.76 N O	3.35
26	1.44 S	1.85 S O	2.04 O	1.06 O	1.44 O	1.48 E	9.21 N O	9.30 N O	3.48
27	6.02 N O	8.19 N O	5.32 O	5.74 N	6.38 N O	4.54 O	3.47 N O	1.83 O	5.19
28	4.67 O	7.03 O	8.38 O	10.28 N O	9.17 N O	7.68 N O	7.87 N O	7.45 N O	7.82
29	7.40 N O	7.17 N O	5.97 N O	6.89 N O	7.96 N O	8.33 N O	4.81 N O	1.94 N O	6.31
30	1.34 O	1.16 O	1.16 N O	4.54 N O	6.80 N O	5.78 N O	5.23 N O	4.95 N O	3.87
31	3.84 N O	4.86 N O	4.58 N O	7.54 N O	8.66 N O	8.05 N O	7.47 N O	7.82 N O	6.60
Moyen.	2.43	2.49	2.58	3.43	4.16	3.84	3.17	2.83	3.12

4

| DATES | PAR SECONDE ET PAR PÉRIODES DE TROIS HEURES. | | | | | | | | | | | | | | | Par seconde et par jour. |
| | 22 h 40' à 1 h 40' | | 1 h 40' à 4 h 40' | | 4 h 40' à 7 h 40' | | 7 h 40' à 10 h 40' | | 10 h 40' à 13 h 40' | | 13 h 40' à 16 h 40' | | 16 h 40' à 19 h 40' | | 19 h 40' à 22 h 40' | | |
	m		m		m		m		m		m		m		m		m
1	6.99	N O	11.48	N O	12.08	N O	12.50	N O	10.60	N O	11.11	N O	10.69	N O	8.98	N O	10.55
2	9.30	N O	9.17	N O	9.21	N O	9.81	N O	10.09	N O	8.98	N O	7.96	N O	7.68	N O	9.02
3	5.65	N O	5.28	N O	5.78	N O	6.71	N O	5.55	N O	4.91	N O	3.24	N O	3.15	N O	5.03
4	2.55	N O	1.72	N O	1.62	N O	2.27	N O	1.53	N O	0.37	N O	1.07	N	1.81	N O	1.62
5	1.99	N O	1.44	N O	0.79	N O	2.22	N O	2.13	N O	3.75	N O	2.08	N O	0.79	N O	1.90
6	0.27	N O	0.18	N O	1.06	O	1.58	O	0.92	O	0.55	O	1.16	N O	0.97	O	0.84
7	1.30	N O	0.05	N O	0.88	N O	0.93	N	1.53	O	1.30	N	0.28	N	0.74	N	0.88
8	0.18	N	0.13	N	0.23	N	0.06	N	1.02	E	1.53	S E	0.37	S	0 51	S O	0.50
9	1.11	S O	0.69	S O	0.09	S O	0.97	S O	1.67	E	1.76	E	0.92	S E	0.28	E	0.94
10	0.14	N	0.18	N	0.46	N	0.69	N	2.04	E	2.59	E	0.93	E	7.27	N O	1.79
11	5.74	N O	4.17	N O	2.68	O	3.29	O	6.48	O	4.54	N O	4.17	N O	3.56	O	4.33
12	3.18	N O	1.53	N O	3.01	N O	2.78	N O	1.90	O	2.08	S	1.34	S	0.42	S	2.03
13	0.32	S	0.60	N E	0.37	O	0.28	O	5.51	S	3.89	O	3.89	O	3 52	N O	2.30
14	8.01	N O	10.51	N O	7.40	N O	5.92	N	4.86	O	3.19	O	0.09	N O	0.74	N O	5.09
15	1.16	S O	1.39	S O	0.88	N O	0.18	N O	0.83	N E	0.54	N E	0.05	N E	0.65	N E	0.71
16	0.28	N E	0.28	N E.	1.02	N O	0.37	N O	2.08	O	0.55	N	0.60	E	0.09	E	0.66
17	0.00	E.	0.09	E	0.32	N O	0.74	O	1.95	N E	1.02	N	0.00	E	0.05	E	0.52
18	3.52	E	5.88	S E	4.77	S	3.15	E	3.61	E	2.78	N E	5.41	S	3.19	S	4.04
19	0.05	S	0.42	S	0.14	N	0.92	N	3.84	S	4.03	S	5.23	S	3.47	S	2.26
20	4.77	S	0.46	S O	0.00	S O	0.23	S O	5.00	O	6.38	S	5.74	S	5.09	S	3.46
21	1.11	S	0.18	S	0.09	S	0.09	S	0.46	S O	0.41	S O	2.78	N O	0.92	N O	0.75
22	0.97	S O	1.16	S	1.30	O	0.97	O	0.69	O	0.09	S E	0.00	S E	0.09	S E	0.66
23	0.18	E	0.23	E	0.41	E	0.28	E	0.00	E	0.09	E	0.46	E	0.69	E	0.29
24	0.97	S	0.18	S	0.23	E	1.06	S E	6.90	S	6.80	S	7.36	S E	5.41	S E	3.61
25	2.73	S E	5.18	S	6.25	S	4.63	S	5.18	S	6.52	S E	5.51	E	2.32	E	4.79
26	2.36	N E	1.81	N E	1.39	O	0.65	S	0.97	S	3.80	N O	2.68	N O	4.35	N O	2.25
27	4.21	N O	3.70	N O	3.47	N O	2.64	N O	3.70	N O	1.99	N	0.65	N	0.69	N	2.63
28	0.79	S O	0.79	S O	0.92	N	0.06	N	0.17	N	0.65	N	0.00	N	0.55	N	0.49
29	0.41	O	0.41	O	0.32	N	0.14	N	0.00	N	0.00	N	0.32	N	2.50	N	0.51
30	1.94	N O	1.34	N O	2.45	N O	3.29	N O	4.26	N O	3.33	N O	2.69	N O	2.08	N	2.67
Moyen.	2.41		2.35		2.32		2.31		3.18		2.98		2.59		2.42		2.57

Vitesse moyenne et

Direction du vent.

PAR SECONDE ET PAR PÉRIODES DE TROIS HEURES.

DATES	22 h 40' à 1 h 40'		1 h 40' à 4 h 40'		4 h 40' à 7 h 40'		7 h 40' à 10 h 40'		10 h 40' à 13 h 40'		13 h 40' à 16 h 40'		16 h 40' à 19 h 40'		19 h 40' à 22 h 40'		Par seconde et par jour.
	m		m		m		m		m		m		m		m		m
1	1.57	N	2.96	N	4.49	N O	6.76	N O	6.52	N O	5.37	N O	6.80	N O	4.58	N O	4.88
2	3.80	N	5.69	N O	5.78	N E	7.22	N O	7.68	N O	5.88	N O	5.79	N O	6.90	N O	6.09
3	4.30	N O	2.59	N O	4.68	N O	4.54	N O	6.90	N O	7.12	N O	7.12	N O	8.10	N O	5.04
4	7.26	N O	8.05	N O	5.46	N O	2.68	N O	0.83	S	1.25	S	0.32	N E	0.55	S	3.30
5	1.53	N	1.53	N O	0.09	N O	0.28	N O	0.32	N O	0.18	N O	0.22	N O	0.10	N O	0.53
6	0.65	N O	1.11	O	1.71	N O	3.29	N O	3.84	O	6.11	N O	6.34	N O	4.16	N O	3.40
7	3.19	N O	1.25	O	1.11	S O	2.04	S O	4.81	O	6.57	N O	7.50	N O	8.75	N O	4.40
8	7.96	N O	6.25	N O	4.35	N O	5.64	O	6.01	N O	6.66	O	6.75	N O	7.91	N O	6.41
9	6.57	N O	6.15	N O	5.14	N O	4.82	N O	4.54	N O	4.77	N O	3.15	O	0.33	E	4.43
10	0.32	E	1.06	E	0.88	N O	0.09	N O	0.60	N	0.60	E	0.28	E	0.79	E	0.58
11	1.71	E	0.32	E	0.05	E	0.37	E	0.23	E	0.37	E	0.18	E	0.37	E	0.45
12	0.18	E	0.32	N	1.02	N O	0.05	N O	0.37	N O	0.83	N O	0.83	N O	1.57	N O	0.65
13	2.50	N O	0.41	O	0.46	N O	0.05	O	1.20	O	0.55	N	0.09	N	0.18	N	0.68
14	0.05	S O	0.05	S O	0.00	N	0.00	N	0.15	N	0.23	N	0.23	N	0.23	N	0.12
15	0.37	S O	0.06	S O	0.23	N	0.05	N	0.05	N	0.46	N	0.28	N	0.32	N	0.23
16	0.41	N E	0.52	N E	0.79	N	1.02	N	0.65	N	0.51	N	0.32	N	0.28	N	0.56
17	0.65	N E	1.39	N E	0.60	N	0.97	N	0.65	N	0.37	N	0.44	N	2.59	N	0.95
18	1.30	N O	1.34	N O	2.18	N	4.17	N	6.29	N	6.29	N O	5.51	N O	6.25	N O	4.17
19	5.88	N O	4.86	N O	4.07	N O	4.81	N O	6.01	N O	4.72	O	4.12	N O	4.72	N O	4.90
20	2.04	O	1.81	N O	2.82	N O	2.50	N O	3.89	N O	1.94	O	1.67	N O	3.05	N O	2.46
21	4.49	N O	6.15	N O	6.02	O	6.38	O	5.41	O	5.78	O	6.34	N O	3.70	O	5.53
22	1.20	O	3.29	N O	4.91	N O	3.43	N O	4.12	N	3.94	O	2.55	N O	1.85	N	3.46
23	4.76	N	6.66	N	7.73	N O	8.33	N O	9.58	N O	8.19	N O	6.76	N O	3.84	N O	6.98
24	4.86	N O	0.65	N	0.65	O	1.62	O	0.87	O	0.88	N E	1.56	E	0.97	S	1.51
25	0.92	S E	1.53	S E	4.49	O	6.90	O	2.55	O	0.97	N O	0.83	N O	5.27	N O	2.93
26	6.02	N O	8.84	N O	4.77	O	5.65	O	4.49	O	8.42	N O	5.41	O	5.46	N	6.76
27	5.51	O	5.54	O	5.41	O	5.18	O	5.79	O	2.32	O	1.67	O	1.90	O	4.16
28	0.65	O	0.83	N E	1.48	N	2.08	O	1.20	O	0.92	O	2.59	O	3.43	O	1.65
29	1.25	N O	1.02	O	3.05	S	4.35	S O	0.43	O	4.30	N O	3.79	N O	3.21	N	3.43
30	3.33	N O	4.49	N O	6.39	N O	3.33	N O	3.84	N O	3.56	N O	6.01	N O	6.60	N O	4.69
31	6.25	N	5.69	N	4.40	N O	5.69	N O	5.88	O	5.09	N O	3.70	N O	4.35	N	5.13
Moyen.	2.95		2.98		3.07		3.36		3.76		3.39		3.20		3.14		3.23

RÉSUMÉ DES OBSERVATIONS ANÉMOMÉTRIQUES FAITES EN 1870.

MOIS DE L'ANNÉE.	VITESSE MOYENNE								Par seconde et par jour.
	PAR PÉRIODES TRI-HORAIRES.								
	De 22 h 40' à 1 h 40'	De 1 h 40' à 4 h 40'	De 4 h 40' à 7 h 40'	De 7 h 40' à 10 h 40'	De 10 h 40' à 13 h 40'	De 13 h 40' à 16 h 40'	De 16 h 40' à 19 h 40'	De 19 h 40' à 22 h 40'	
	m	m	m	m	m	m	m	m	m
Janvier	2.40	2.21	2.54	2.90	3.25	3.17	2.70	2.57	2.72
Février	2.27	2.40	2.42	2.94	3.78	3.75	3.02	2.28	2.87
Mars	3.68	3.78	4.14	4.85	5.67	5.90	4.81	3.93	4.59
Avril	2.43	2.17	2.42	3.99	4.82	4.77	3.45	2.63	3.33
Mai	1.29	1.14	1.22	2.20	2.85	2.67	1.94	1.31	1.83
Juin	1.95	2.00	2.07	3.07	3.37	3.50	2.63	2.23	2.60
Juillet	2.24	1.81	1.91	2.92	3.62	3.91	3.15	2.35	2.74
Août	1.95	1.91	1.96	2.46	3.11	3.05	2.34	1.84	2.33
Septembre	1.46	1.44	1.65	2.18	3.22	3.28	1.80	1.43	2.06
Octobre	2.43	2.49	2.58	3.43	4.16	3.84	3.17	2.83	3.12
Novembre	2.41	2.35	2.32	2.31	3.18	2.98	2.59	2.42	2.57
Décembre	2.95	2.98	3.07	3.36	3.76	3.39	3.20	3.14	3.23
Moyenne annuelle	2.29	2.22	2.36	3.05	3.73	3.68	2.90	2.41	2.83

MOIS DE L'ANNÉE.	MAXIMUM DE LA VITESSE					MAXIMUM ABSOLU.
	PAR PÉRIODES					
	DIURNES.		TRI-HORAIRES.			
	m		m		m	
Janvier	6.62	le 17	9.54	le 23 de 13 h 40' à 16 h 40'	12.50	le 18, de 10 h 40' à 10 h 50'
Février	8.59	le 21	11.71	le 20 de 10 h 40' à 13 h 40'	17.50	le 21, de 15 h à 15 h 10'
Mars	9.16	le 29	11.44	le 24 de 7 h 40' à 10 h 40'	14.17	le 23, de 6 h 40' à 7 h. le 24, de 5 h 40' à 5 h 50'
Avril	6.65	le 15	8.42	le 15 de 13 h 40' à 16 h 40'	10.83	le 15, de 16 h 10' à 16 h 30'
Mai	4.30	le 24	5.51	le 24 de 7 h 40' à 10 h 40'	6.66	le 6, de 14 h 40' à 14 h 50'
Juin	4.99	le 5	7.64	le 5 de 10 h 40' à 13 h 40'	8.33	les 4, 5 et 10. le 17, de 13 h à 13 h 20'
Juillet	6.74	le 18	8.01	le 18 de 7 h 40' à 10 h 40'	10.00	le 18, de 6 h 40' à 7 h. — de 7 h 40' à 7 h 50'
Août	5.30	le 9	7.91	le 2 de 10 h 40' à 13 h 40'	8.33	le 20, de 13 h 40' à 13 h 50'
Septembre	5.98	le 6	10.00	le 6 de 1 h 40' à 4 h 40'	15.00	le 6, de 1 h 40' à 1 h 50'
Octobre	7.82	le 28	10.28	le 28 de 7 h 40' à 10 h 40'	12.50	le 26, de 21 h 20' à 21 h 30'
Novembre	10.55	le 1	12.50	le 1 de 7 h 40' à 10 h 40'	15.00	le 1, de 2 h 20' à 2 h 30' — de 4 h 40' à 4 h 50'
Décembre	6.98	le 22	9.58	le 23 de 10 h 40' à 13 h 40'	12.50	le 7 de 19 h 50' à 20 h. le 23, de 11 h 40' à 12 h 20'

Vitesse moyenne et Direction du vent.

DATES	PAR SECONDE ET PAR PÉRIODES DE TROIS HEURES.																Par seconde et par jour.
	22 h 40' à 1 h 40'		1 h 40' à 4 h 40'		4 h 40' à 7 h 40'		7 h 40' à 10 h 40'		10 h 40' à 13 h 40'		13 h 40' à 16 h 40'		16 h 40' à 19 h 40'		19 h 40' à 22 h 40'		
	m		m		m		m		m		m		m		m		m
1	4.72	N O	4.40	N O	2.96	N O	4.72	N O	3.56	O	6.52	N O	4.26	N	1.67	N O	4.10
2	0.55	O	0.09	O	0.00	N O	0.00	N O	0.65	E	0.28	E	0.41	N N O	0.18	O	0.27
3	0.23	O	0.09	O	2.73	N E	2.78	N	3.47	O	4.95	N O	3.43	O	3.89	O	2 70
4	3.66	N O	1.39	O	0.79	O	0.14	N O	0.14	O	0.09	S E	0.00	S E	0.00	S	0.78
5	0.14	S	2.82	N O	5.28	N O	6.62	O	10.09	O	9.07	N O	7.73	N O	8.47	N O	6.28
6	4.44	N O	10.32	N O	5.69	N O	8.01	N	8.93	N O	9.44	N	9.91	N O	9.17	N O	8.24
7	6.71	N O	6.02	N O	1.39	N O	2.08	N O	3.28	N O	4.63	O	4.21	O	5 60	N O	4 24
8	4.81	N O	5.92	N O	4.26	N O	4.26	N O	1.06	O	1.20	N	2.18	N O	5 18	O	3.61
9	3.56	N O	3.52	N O	3.19	O	1.99	O	2.68	O	1.20	O	3.38	O	8.56	O	3.51
10	8.98	N O	11.01	N O	12.78	N O	11.80	N O	9.72	O	7.36	N O	4.95	N O	1.57	S E	8 52
11	1.25	O	1.34	N	2.92	O	1.97	O	3.66	O	3.33	E	2.59	E	10.79	N O	3.48
12	12.18	N O	12.36	N O	11.99	N O	12.27	N O	10.32	N O	10.37	N O	9.31	N O	10.14	N O	11 12
13	9.58	N O	8.98	N O	10.69	N O	11.11	N O	11.67	N O	10.42	N O	10.88	N O	9.54	N O	10.36
14	8.05	N O	8.70	N O	5.83	N E	3.33	N O	4.77	N O	3.56	N O	1.43	N O	0.55	O	4 53
15	0.00	O	0.00	O	0.00	N O	0.00	N O	0.41	N O	0.74	N O	0.88	N O	1.16	O	0.40
16	0.88	O	1.16	O	1.20	O	1.44	O	1.39	O	1.39	N	1.33	N	1.85	N	1 33
17	1.25	N	1.57	N E	5.60	N E	2.64	N E	2.82	E	2.22	E	1.30	N E	3.01	N O	2.55
18	1.62	N O	1.30	E	1.57	E	1.71	E	1.99	E	0.97	E	6.90	O	10.97	O	3.38
19	7.73	S O	5.37	N O	5.28	N	4.18	N	3.38	O	2.59	N O	5.37	N O	4.40	O	4.79
20	2.13	S O	1.71	N O	1.44	N O	1.20	N O	2.36	N	1.43	O	0.65	O	0.74	O	1.46
21	0.78	N E	0.60	N E	0.88	N E	2.13	N E	1.34	E	2.68	N E	2.01	N	0.60	O	1.38
22	1.06	O	1.76	O	2.04	O	1.85	O	1.81	N O	2.08	N O	1.71	N O	0.55	N O	1.61
23	1.25	N	1.11	N	1.16	N O	1.25	N O	1.02	N O	1.39	N O	0.46	N O	1.06	N O	1.09
24	0.74	N O	0.78	N O	1 11	N O	2.08	N O	1.85	N O	2.04	N O	1.53	N O	1.58	N O	1.46
25	1.76	N O	1.30	N O	1.39	N O	1.34	N O	1.34	N O	1.90	N	1.11	N	1.44	N	1.46
26	1.90	O	2.13	N	3.52	N O	6.29	N O	6.34	N O	5.92	N O	6.94	N O	8.89	O	5.25
27	9.58	N O	8.61	N O	8 05	N O	8.10	N O	10.18	N O	9.72	N O	9.82	N O	8.94	N O	9.12
28	8.84	N O	9.07	N O	10.28	N O	9.54	N O	8.98	N O	8.47	N O	6.11	N O	3.61	O	8.11
29	3.98	N O	2.64	N O	1.06	N O	1.44	N O	1.30	O	1.06	E	0.83	E	0.73	E	1.63
30	0.60	O	0.88	N O	1.11	N	1.25	N O	1.16	N	1.53	E	0 46	E	0 98	E	0.98
31	1.20	E	1.67	E	1.02	E	1.06	N E	1.39	N E	1.34	N E	1.85	N	1.58	N O	1.39
Moyen.	3.68		3.83		3.78		3.83		3.97		3.87		3.67		4.11		3.84

Vitesse moyenne et Direction du vent.

| DATES | PAR SECONDE ET PAR PÉRIODES DE TROIS HEURES. | | | | | | | | | | | | | | | | Par seconde et par jour. |
| | 22 h 40' à 1 h 40' | | 1 h 40' à 4 h 40' | | 4 h 40' à 7 h 40' | | 7 h 40' à 10 h 40' | | 10 h 40' à 13 h 40' | | 13 h 40' à 16 h 40' | | 16 h 40' à 19 h 40' | | 19 h 40' à 22 h 40' | | |
	m		m		m		m		m		m		m		m		m
1	1.44	N E	4.53	N E	1.67	N O	1.39	N O	3.61	S	5.60	S	4.63	S	2.17	S	2.75
2	1.30	S	1.48	S	0.83	E	1.20	E	2.68	S E	4.35	S	5.75	S	5.14	S	2.84
3	6.48	S	3.06	S	1.39	E	1.25	E	1.95	E	1.94	E	4.91	S	5.41	S E	3.30
4	5.00	S E	3.06	S E	1.39	S E	1.30	S	2.13	S O	6.48	S	6.75	S	5.32	S E	3.93
5	5.37	S	3.89	S	0.69	S O	1.44	O	2.45	O	2.55	N O	1.94	N O	3.06	N O	2.67
6	1.71	N	1.90	N	1.39	N O	1.81	N O	4.49	N O	4.26	O	3.66	N O	3.61	N O	2.85
7	5.92	N O	4.77	N O	4.49	N O	4.58	N O	7.40	N O	5.41	N O	6.85	N O	7.26	N O	5.83
8	7.63	N O	6.99	N O	8.47	N O	11.02	N O	10.83	N O	8.70	N O	5.65	N O	6.06	N O	8.17
9	6.06	N O	7.45	N O	5.60	O	6.43	O	8.24	N O	9.12	N O	9.35	N O	9.54	N O	7.72
10	6.15	N O	6.99	N O	6.48	O	5.78	O	6.57	O	2.27	N O	1.67	N O	4.03	O	4.99
11	5.51	N O	10.74	N O	9.77	N O	10.60	N O	10.32	N O	10.56	N O	9.58	N O	6.29	N O	9.17
12	7.82	N O	5.37	N O	4.21	N O	2.82	N O	2.08	N	0.55	N O	1.06	O	1.53	O	3.18
13	1.62	O	1.48	O	1.71	O	1.81	O	4.63	O	4.21	O	2.96	N O	3.15	N O	2.70
14	1.71	N O	2.78	N O	3.57	N O	3.75	N O	2.45	N E	2.13	E	1.57	S E	0.88	S E	2.35
15	0.97	S	1.62	S	1.99	S O	1.16	S O	0.92	S O	2.64	S	1.57	S E	1.16	S	1.50
16	1.02	S	1.06	S	1.11	S E	0.65	S	1.34	S	2.31	N E	1.30	N E	1.53	N E	1.29
17	1.95	N E	1.53	N E	2.04	N E	1.11	N E	0.69	N E	2.68	E	2.92	N O	1.20	N O	1.76
18	1.25	N O	2.41	N O	2.27	N O	2.64	N O	3.33	N O	3.29	N O	3.19	N O	1.57	O	2.49
19	1.76	N O	2.87	N O	1.67	N O	2.32	N O	2.82	S	1.09	S E	2.87	N O	1.95	N O	2.28
20	2.32	N O	3.66	N O	2.45	N O	2.13	N O	3.80	N O	4.35	N O	1.93	N O	2.22	O	2.86
21	1.57	N	2.96	N O	3.89	O	3.75	O	5.93	O	3.64	N O	3.47	N	1.99	N O	3.34
22	2.41	N E	2.59	N O	2.32	N O	3.52	N O	3.89	O N O	3.70	N	2.22	N N E	2.36	O	2.88
23	1.30	O	1.71	O	1.95	O	1.34	O	1.48	O	1.90	N	4.11	N E	1.62	N	1.55
24	1.71	N O	1.95	N O	1.99	N	1.53	N	2.50	N O	2.87	N E	1.25	E	1.90	E	1.96
25	1.20	E	1.25	E	2.18	S	1.02	S	2.18	S	2.78	E	6.39	N E	4.86	S E	2.73
26	4.12	S	1.11	S	1.20	N O	2.27	O	2.87	N E	4.31	N E	1.81	E	2.36	E	2.51
27	1.67	N E	0.65	N E	0.97	E	1.11	E	2.27	N E	2.64	E	0.92	E	0.87	E	1.39
28	1.58	N E	1.95	N E	1.48	N E	0.97	N E	2.27	N E	2.64	E	0.92	E	0.87	E	1.58
Moyen.	3.16		3.18		2.83		2.88		3.77		3.92		3.51		3.21		3.30

Vitesse moyenne et

Direction du vent.

PAR SECONDE ET PAR PÉRIODES DE TROIS HEURES.

DATES	22h 40' à 1h 40'		1h 40' à 4h 40'		4h 40' à 7h 40'		7h 40' à 10h 40'		10h 40' à 13h 40'		13h 40' à 16h 40'		16h 40' à 19h 40'		19h 40' à 22h 40'		Par seconde et par jour.
	m		m		m		m		m		m		m		m		m
1	1.58	E	1.95	E	1.48	E	0.97	E	1.81	E	2.04	E	1.06	E	1.43	E	1.54
2	1.21	E	0.74	S E	0.60	E	1.39	E	3.05	E	4.45	E	3.93	S E	2.27	S E	2.20
3	2.50	S E	2.03	S E	4.91	S E	5.37	S	6.99	E	6.52	E	3.24	S E	1.11	S O	4.08
4	1.02	S O	1.90	O	0.97	N O	1.25	N O	1.67	N O	1.67	N	1.76	N	2.18	N	1.55
5	1.20	N E	1.30	S E	1.44	N E	1.67	N E	3.98	E	5.65	S E	4.86	E	5.37	S E	3.18
6	6.94	S E	7.26	S E	7.87	S E	8.84	S	9.49	S	5.46	S	7.40	S	6.85	S	7.51
7	3.47	S	5.27	S	4.49	S	2.08	S	3.70	N O	3.52	N O	3.01	O	3.75	O	3.66
8	4.67	O	3.24	O	5.46	N O	6.11	N O	4.44	N O	4.12	N	3.94	N	4.12	N O	4.51
9	6.02	N O	7.17	N O	6.99	N O	7.31	N O	8.15	N O	8.33	N O	6.34	N O	5.37	N O	6.96
10	2.59	N O	3.52	N O	2.82	N O	4.95	N O	3.75	E	4.10	E	3.19	N O	2.78	N O	3.46
11	1.53	N O	1.76	N O	1.44	N O	2.36	N O	4.26	N	2.27	N	1.67	N	1.48	O	2.09
12	0.60	N E	1.20	N E	0.97	O	0.83	O	2.55	E	2.22	E	5.60	S E	6.71	S	2.58
13	4.07	S	0.92	S	0.83	N O	2.41	N	3.05	N	2.41	E	0.69	E	0.88	E	1.91
14	0.28	E	0.74	E	1.02	S E	3.01	S E	9.26	S	8.61	S	2.92	N	1.34	N	3.40
15	0.65	N	1.34	N	1.16	N	1.34	N	2.32	E	2.13	E	2.22	E	2.78	N O	1.74
16	2.87	N O	1.71	N O	0.79	N	0.97	N	2.50	S	2.78	S	5.37	N O	8.47	N O	3.18
17	8.93	N O	7.63	N O	9.16	N O	11.16	N O	10.92	N O	10.23	N O	10.74	N O	8.47	N O	9.64
18	8.29	N O	8.40	N O	8.66	N O	9.86	N O	9.47	N O	8.56	N O	7.96	N O	5.88	N O	8.35
19	5.51	N O	4.63	N O	5.51	N O	6.99	N O	4.58	N O	4.81	N O	3.01	N O	1.58	N O	4.58
20	1.26	N O	1.06	N O	1.30	N O	3.29	N O	4.54	N O	6.43	N	4.76	N O	4.12	O	3.34
21	4.91	O	4.49	N O	3.98	N O	7.03	N O	6.20	N O	5.65	N O	4.77	N O	6.94	O	5.50
22	7.36	O	6.85	O	5.46	E	7.40	E	5.14	E	3.19	E	1.48	E	0.78	E	4.71
23	1.06	E	0.55	E	0.51	S E	2.64	S E	5.14	E	4.77	S E	2.91	S E	2.27	S E	2.48
24	2.82	S E	1.95	S E	2.27	E	4.77	E	6.43	E	6.48	E	5.23	E	5.88	S E	4.48
25	5.42	S E	6.76	S E	4.81	S	4.95	S	5.37	S E	4.72	S	2.87	S	1.02	S	4.49
26	1.58	S E	1.34	S E	1.53	S	1.76	S	6.85	E	6.57	S	4.30	S	3.15	S	3.38
27	0.69	S	0.65	S	1.25	O	2.08	O	1.58	O	1.58	N	1.48	N	1.71	N	1.38
28	0.92	N	1.06	N	0.69	N	1.76	N	1.62	N	1.48	N	1.81	N	2.36	N E	1.46
29	0.83	N O	4.40	N O	8.48	N O	10.18	N O	10.60	N O	10.46	N O	10.32	N O	10.46	N O	8.22
30	11.34	N O	10.69	N O	8.04	N O	8.52	N O	9.81	N O	9.35	N O	7.82	N O	6.43	N O	9.00
31	5.55	N	5.97	N O	6.57	N O	9.07	N O	7.53	N O	6.06	N O	5.32	N O	3.93	N O	6.25
Moyen.	3.47		3.49		3.59		4.59		5.38		5.06		4.26		3.93		4.22

AVRIL 1871.   Vitesse moyenne et   Direction du vent.   AVRIL 1871.

PAR SECONDE ET PAR PÉRIODES DE TROIS HEURES.

DATES	22h 40' à 1h 40'		1h 40' à 4h 40'		4h 40' à 7h 40'		7h 40' à 10h 40'		10h 40' à 13h 40'		13h 40' à 16h 40'		16h 40' à 19h 40'		19h 40' à 22h 40'		Par seconde et par jour
	m		m		m		m		m		m		m		m		m
1	3.05	N O	3.78	N O	4.21	N O	6.71	N O	6.86	N O	6.06	N O	5.32	N O	3.93	N O	4.99
2	3.05	N O	3.78	N O	4.21	N O	6.71	N O	8.33	N O	7.22	O	4.79	O	2.55	N	5.07
3	1.95	N	1.71	S O	1.67	N	0.65	N	2.08	N	3.42	S E	2.18	E	3.70	N O	2.17
4	1.85	N O	0.92	N	0.93	N O	3.15	N O	2.87	N O	3.75	N	3.15	N	0.55	N	2.15
5	1.62	N	2.55	N O	2.18	N O	3.94	N O	4.40	O	4.26	N	1.71	N O	1.39	N O	2.76
6	1.67	S O	0.46	S O	0.37	N E	1.67	N E	3.19	E	5.41	S E	3.19	S E	0.92	S E	2.11
7	1.20	S E	1.58	S E	1.76	O	1.06	O	2.87	N	4.72	E	1.71	E	1.53	E	2.05
8	1.16	E	0.78	E	1.11	N E	2.64	N E	3.01	N E	1.99	E	1.57	E	1.02	E	1.66
9	0.88	E	0.78	E	1.57	N O	3.10	N O	2.18	O	3.43	S	3.15	S	2.18	S	2.16
10	1.67	S	0.69	S	0.37	S	1.11	S	2.13	S	2.08	S E	2.25	S E	1.90	E	1.40
11	1.02	E	0.69	E	1.76	E	1.62	E	2.68	E	3.19	S E	1.34	S E	1.44	S E	1.72
12	1.71	S E	1.25	S E	1.11	S E	2.08	S E	2.48	S E	2.04	S E	0.74	S E	0.18	S E	1.41
13	0.88	S	0.92	S	0.74	S E	0.97	S E	1.77	S E	2.27	S E	0.69	S	1.67	S	1.24
14	1.53	S	1.11	S O	1.30	S E	2.04	E	2.87	E	2.59	E	1.53	N	3.56	N O	2.07
15	7.45	N O	4.72	N O	2.36	N O	4.31	N O	5.00	N O	3.75	N O	2.45	N O	0.55	N O	3.82
16	0.88	N O	1.11	N O	1.25	N O	1.06	N O	2.50	E	2.55	E	1.34	E	0.91	E	1.45
17	1.76	N E	1.25	N E	1.02	E	1.15	E	1.85	E	1.90	E	1.11	E	0.79	E	1.35
18	0.69	E	0.97	E	1.39	E	2.27	E	2.73	E	2.68	E	2.41	E	2.82	E	1.99
19	1.85	N E	0.92	S	1.16	N E	2.73	N E	1.82	N E	4.31	E	4.49	N E	3.99	N	3.03
20	4.77	N O	8.33	N O	5.55	N O	4.95	N	2.41	O	3.05	S	1.25	E	0.32	E	3.83
21	1.53	S E	1.16	S E	3.01	N O	7.36	N	8.15	N	6.71	N O	7.54	N O	6.48	N O	5.24
22	5.37	N O	2.73	N O	2.22	N	3.38	N O	9.01	N	2.68	E	1.90	E	0.83	E	2.76
23	1.53	S E	1.34	S	1.90	S	1.62	S O	2.22	E	4.68	N	4.21	N O	3.33	N O	2.60
24	1.39	N E	0.65	N E	1.06	N	4.21	N O	4.81	N O	6.01	N O	4.26	N O	1.81	N E	3.02
25	1.76	S O	1.06	S O	1.62	O	2.27	O	2.15	O	3.01	N O	3.61	O	3.52	N O	2.37
26	2.55	N O	3.38	N O	4.58	N O	5.65	N O	5.74	N O	6.62	N O	5.14	N O	1.94	N O	4.45
27	2.73	N O	2.64	N O	2.87	O	6.57	O	6.43	O	6.29	N O	5.00	N O	6.97	N O	4.94
28	4.72	N O	6.34	N O	6.25	N E	4.95	N	4.91	N O	4.95	N O	1.94	N	0.65	N O	4.34
29	0.92	O	1.16	S O	1.06	N	1.71	N	3.05	E	3.15	N E	2.78	E	0.39	N O	2.53
30	6.01	N O	7.70	N O	6.08	N O	6.48	N O	5.28	N O	5.55	O	4.49	O	5.23	N O	5.85
Moyen.	2.30		2.23		2.22		3.27		3.75		4.01		2.87		2.43		2.88

Vitesse moyenne et Direction du vent.

PAR SECONDE ET PAR PÉRIODES DE TROIS HEURES.

DATES	22 h 40' à 1 h 40'		1 h 40' à 4 h 40'		4 h 40' à 7 h 40'		7 h 40' à 10 h 40'		10 h 40' à 13 h 40'		13 h 40' à 16 h 40'		16 h 40' à 19 h 40'		19 h 40' à 22 h 40'		Par seconde et par jour
	m		m		m		m		m		m		m		m		m
1	4.35	N O	3.52	N O	3.38	E	3.19	N O	2.27	N	2.45	N O	2.50	N O	1.53	N O	2.90
2	0.09	N E	0.09	N E	0.97	E	1.85	E	1.94	E	1.85	E	0.97	E	0.46	E	1.10
3	0.87	N E	0.46	N E	1.06	E	1.39	E	2.27	E	2.50	E	1.48	E	1.44	E	1.43
4	1.25	N O	0.88	N E	1 53	N	2.78	N O	1.69	N O	2.04	E	1.43	E	1.85	N	1.68
5	1.20	N O	1.16	N O	1.76	N O	3.70	N O	3.70	N O	3.89	N	2.87	N	2.45	N O	2.59
6	1.30	N O	0.88	S E	0.79	N E	1.44	E	2.36	E	1.99	E	1.81	E	0.83	E	1.42
7	0.93	S O	1.30	S O	0.69	N E	2.50	N E	1.81	N E	2.04	N E	0.97	N E	0.37	N E	1.33
8	0.29	E	0.88	E	0.88	E	2.92	E	3.24	E	2.54	E	0.92	E	0.65	E	1.54
9	0.69	E	0.83	E	1.11	E	1.99	E	3.05	E	1.95	E	0.83	E	0.74	E	1.40
10	1.20	N	1.39	N	0.65	N E	1.87	E	1.48	E	1.39	E	1.67	E	0.74	E	1.27
11	0.55	E	0.83	E	0.55	E	2.22	E	2.87	E	1.76	E	1.85	E	0.97	E	1.45
12	0.46	E	0.55	E	1.30	E	1.34	E	1.62	E	1.99	E	1.06	E	0.83	E	1.14
13	0.69	N E	1.52	N E	1.06	E	1.48	E	3.66	E	3.98	E	2.36	E	2.59	S	2.17
14	3.52	S	1.58	S	2.22	S	1.57	S	2.04	E	1.06	E	1.90	S E	0.83	N	1.84
15	1.53	N O	2.87	N O	4.21	N O	4.31	O	5.09	O	3.89	N O	2.13	N O	2.22	N O	3.28
16	1.76	O	1.53	O	0.88	O	1.99	O	1.48	N	2.64	E	2.32	E	1.85	E	1.81
17	2.04	O	2.73	O	1.95	O	3.24	N O	4.68	N O	5.28	N O	4.77	N O	4.54	N O	3.65
18	4.07	N O	4.21	N O	4.21	N O	5.37	N O	6.20	N O	6.48	N O	4.86	N O	3.04	N O	4.80
19	2 41	O	2.36	N O	2.96	N O	4.35	N O	3.94	N O	3.47	N O	3.94	N O	3.47	O	3.36
20	2.41	O	0.97	N	1.71	N O	1.48	N O	2.73	E	2.90	E	2.41	S	2.31	O	2.41
21	2.04	O	1.67	O	1.20	S	1.48	S	2.78	E	3.42	E	1.30	E	1.76	E	1.96
22	1.44	S O	1.44	S O	1.67	E	3.19	E	4.03	E	4.08	S E	2.82	S E	1.53	E	2.52
23	0.93	N E	0.88	N E	1.25	E	2.32	E	2.82	E	1.95	E	1.11	E	0.74	E	1.50
24	0.55	N E	0.23	N E	0.97	E	3.05	E	5.74	E	7.03	E	7.36	E	5.69	E	3.83
25	3.33	S E	1.90	S E	1.58	E	4.72	E	5.74	E	4.68	S E	3.10	S	0.83	S E	3.23
26	0.78	S E	0.88	S E	1.02	S E	2.87	S E	3.90	S E	4.07	E	1.34	E	1.11	E	2.00
27	1.48	S E	1.67	S E	2.78	N O	3.70	N O	3.56	N O	1.58	N O	1.85	N O	0.83	N O	2.18
28	0 60	N O	0.65	N O	0 83	N O	1.81	N O	2.45	N O	1.48	N O	1.67	N O	1.67	N O	1.39
29	0.87	N O	0.69	N O	0 97	N O	2.13	N O	4.21	S E	3.80	E	2.36	E	1.30	E	2.04
30	0.74	N E	0.59	N E	0.64	E	1.90	E	2.32	E	2.27	E	0.92	E	0.27	E	1.21
31	0.51	S E	1.06	S E	0.32	E	0.92	E	1.81	E	1.80	E	1.16	O	1.02	O	1.07
Moyen.	1,45		1,38		1.52		2.54		3.14		2.98		2.19		1.63		2.10

Vitesse moyenne et Direction du vent.

PAR SECONDE ET PAR PÉRIODES DE TROIS HEURES.

DATES	22 h 40' à 1 h 40'		1 h 40' à 4 h 40'		4 h 40' à 7 h 40'		7 h 40' à 10 h 40'		10 h 40' à 13 h 40'		13 h 40' à 16 h 40'		16 h 40' à 19 h 40'		19 h 40' à 22 h 40'		Par seconde et par jour.
	m		m		m		m		m		m		m		m		m
1	0.46	S O	0.65	S O	0.92	N O	2.08	N	2.41	E	2.22	E	2.36	E	1.62	E	1.59
2	1.30	S E	0.37	S E	0.92	N E	1.76	N E	2.27	N	1.44	N	2.36	N	4.44	N O	1.86
3	3.70	N O	5.18	N O	10.19	N O	10.56	N O	9.68	N O	10.09	N O	7.36	N O	5.74	N O	7.81
4	4.91	N O	4.63	N O	5.14	N O	7.27	N O	6.38	N O	6.75	N O	5.28	N O	4.86	N O	5.65
5	4.45	N O	3.79	N O	5.41	N O	6.06	N O	5.88	N O	5.83	O	5.97	N O	4.30	O	5.21
6	3.98	N O	3.89	N O	4.77	N O	5.92	N O	6.43	N O	5.14	N O	5.05	N O	4.81	N O	5.00
7	4.77	N O	4.63	N O	5.05	O	4.07	N O	3.43	O	2.50	E	0.82	E	2.50	O	3.47
8	3.47	N O	3.15	N O	3.80	O	7.36	N O	6.52	N O	4.58	O	2.22	O	2.18	N O	4.16
9	1.76	N O	1.95	N O	3.47	N O	4.45	N O	3.94	N O	2.68	O	1.95	O	1.67	O	2.73
10	1.53	O	1.57	O	3.93	N O	5.41	N O	2.68	N O	2.82	S E	3.75	S O	1.30	S	2.87
11	1.11	S O	1.30	S O	1.30	S O	1.48	S O	2.36	E	2.04	E	1.05	E	0.83	E	1.43
12	0.74	E	0.74	E	1.02	E	2.36	N	4.49	N E	5.51	N O	5.00	N O	4.58	N O	3.05
13	2.82	N O	1.85	N	2.55	O	2.08	N O	2.45	N O	2.54	O	1.34	E	1.25	N	2.11
14	1.16	N	1.67	N	0.92	N O	1.02	N	2.59	N	2.18	E	1.34	E	1.85	E	1.59
15	2.08	E	1.39	E	1.53	N	2.59	N E	3.24	E	2.96	N E	1.48	E	1.30	N E	2.07
16	1.71	N	1.94	S E	2.27	E	3.94	S	4.95	E	7.87	S E	7.36	S E	4.63	E	4.33
17	4.63	S E	4.44	S E	1.67	S	3.98	S E	6.94	S	6.85	S E	2.78	N	1.34	N O	4.08
18	1.30	N O	1.39	N O	1.25	N O	2.55	N E	4.58	E	2.82	E	1.76	O	1.25	O	2.11
19	1.85	N O	3.24	N O	5.23	N O	5.92	N O	3.03	O	3.01	S O	1.20	O	0.92	N O	3.05
20	0.79	N	0.37	N	1.25	N O	3.84	O	3.33	N O	4.26	N O	7.17	N O	6.57	N O	3.45
21	5.09	N O	4.40	N O	7.17	N O	8.24	N O	6.52	N O	6.11	N O	5.83	N O	5.37	N O	6.09
22	4.03	N O	2.41	N O	1.67	N O	1.67	N O	1.90	N	2.82	S	2.96	S	0.97	S	2.30
23	1.11	S E	1.06	S E	0.74	S E	2.27	E	4.44	E	5.00	S E	1.95	E	1.81	N	2.30
24	0.92	N	0.97	E	1.25	N E	2.68	E	3.29	E	3.84	E	2.41	E	1.39	E	2.09
25	1.06	N E	0.74	N E	1.30	E	0.78	N	4.35	N O	6.79	N O	6.15	N O	6.52	N O	3.46
26	6.53	N O	7.03	N O	6.20	N O	6.52	N O	6.80	N O	7.27	N O	7.54	N O	4.95	N O	6.60
27	4.35	N O	5.28	N O	6.11	N O	6.11	N O	5.51	N O	5.37	N O	6.85	N O	4.54	N O	5.51
28	3.98	N O	3.43	N O	5.64	N O	4.17	N O	5.83	N O	5.74	N O	3.70	N O	3.66	N O	4.59
29	0.43	N O	3.29	N O	2.87	N O	2.50	O	2.27	S O	3.47	E	1.11	E	0.74	E	2.46
30	1.16	S E	0.46	S E	1.30	E	2.64	E	2.04	E	1.95	E	1.62	E	0.92	E	1.51
Moyen.	2.67		2.57		3.22		4.08		4.35		4.41		3.59		2.96		3.48

Vitesse moyenne et

PAR SECONDE ET PAR

DATES	22 h 40' à 1 h 40'		1 h 40' à 4 h 40'		4 h 40' à 7 h 40'		7 h 40' à 10 h 40'	
	m		m		m		m	
1	0.60	E	0.32	E	0.65	E	1.53	E
2	0.37	N E	1.48	N E	1.25	N E	3.01	E
3	1.71	S O	1.16	N O	2.04	N O	1.90	N O
4	0.74	N O	0.93	N O	0.88	N O	1.76	N
5	1.16	E	1.25	N E	0.65	N E	3.84	N O
6	1.62	N O	2.18	N O	2.59	N O	2.27	N O
7	1.30	N O	0.65	O	1.34	O	2.08	N E
8	0.92	N E	0.79	N E	0.69	N E	1.02	N E
9	1.99	N O	1.72	N O	1.76	N O	2.13	N
10	0.87	N E	0.88	N E	1.11	N E	2.27	E
11	0.74	N E	1.25	N E	0.92	E	5.23	N O
12	7.45	N O	5.46	N O	6.25	N O	4.81	N O
13	2.59	N O	1.76	S O	1.48	O	1.48	N
14	1.76	S E	0.93	S E	0.69	S	2.13	E
15	1.06	N E	1.25	N E	3.01	N O	4.30	N O
16	2.96	N O	2.92	N O	2.09	N O	3.93	N O
17	1.81	S E	1.06	S E	0.97	S	2.64	E
18	0.46	N	1.30	N	0.65	N E	1.85	N E
19	2.27	S E	1.95	S E	1.99	O	1.95	N O
20	1.71	N O	3.10	N O	5.44	N O	5.28	N O
21	2.55	N O	2.18	N O	3.10	N O	4.26	N O
22	1.90	S	1.25	S	1.62	N O	2.68	N E
23	1.25	N E	1.02	N E	1.85	O	2.96	N O
24	4.68	N O	3.66	N O	2.41	N O	1.71	N O
25	1.30	O	0.92	O	1.16	O	3.29	O
26	5.41	N O	3.70	N O	2.82	N O	2.64	N O
27	1.44	E	1.57	E	1.48	S	2.92	E
28	1.34	S	1.62	S	1.72	S O	3.47	N O
29	0.97	N O	0.74	N O	1.11	N O	2.73	E
30	4.07	N O	4.03	N O	3.70	N O	2.55	O
31	4.91	N O	4.86	N O	4.31	N	4.40	N
Moyen.	2.06		1.87		2.01		2.87	

PÉRIODES DE TROIS HEURES.

10 h 40' à 13 h 40'		13 h 40' à 16 h 40'		16 h 40' à 19 h 40'		19 h 40' à 22 h 40'		Par seconde et par jour.
m		m		m		m		m
2.78	E	5.60	S E	2.78	E	1.94	E	2.02
4.65	E	3.66	E	1.96	S E	2.73	O	2.39
4.17	N O	2.78	N O	1.67	N	1.34	N	2.10
2.73	N E	3.61	E	2.18	E	1.30	E	1.77
5.05	N O	5.00	N O	4.12	N O	2.59	O	2.96
2.04	N	2.08	N E	1.16	N E	1.11	O	1.88
2.45	E	2.96	E	2.08	E	1.71	E	1.82
2.55	O	2.13	O	3.10	O	3.38	O	1.82
3.56	E	3.70	E	2.78	N E	1.58	N E	2.40
3.19	E	4.63	E	3.05	E	0.87	E	2.11
7.78	N O	8.93	N O	5.97	N O	6.16	N O	4.62
4.35	N O	1.80	N O	2.78	N O	2.59	N O	4.44
2.45	E	3.47	E	1.90	S E	1.43	S E	2.07
3.98	E	3.01	E	1.85	E	0.69	E	1.88
4.81	N O	4.77	N O	3.94	N O	2.92	N O	3.26
3.05	E	2.78	E	1.99	S E	0.79	S E	2.64
3.70	E	3.24	E	2.55	E	1.20	N E	2.15
2.04	E	2.55	E	1.30	E	1.85	E	1.51
2.04	E	3.38	S E	2.22	S	1.90	O	2.21
6.99	N O	6.25	O	5.18	O	3.33	N O	4.66
3.29	N O	1.99	O	1.90	O	1.53	N O	2.60
3.24	E	2.27	E	1.30	E	1.25	E	1.94
2.41	N O	1.76	N O	3.80	N O	3.80	O	2.36
3.10	N O	3.01	N O	1.81	N O	1.53	N O	2.74
2.50	O	4.44	N O	5.46	N O	6.25	N O	3.16
3.29	S E	3.29	S	1.11	S E	0.88	S E	2.89
2.68	E	4.71	E	2.27	E	3.15	N O	2.15
3.98	N O	3.66	N	2.82	N O	0.97	N O	2.45
2.82	E	3.61	E	3.75	S	2.96	N O	2.34
4.40	N O	4.21	N	4.91	N O	6.11	N O	4.25
3.93	N	3.66	N	2.92	N	1.81	N	3.85
3.55		3.55		2.80		2.31		2.62

Vitesse moyenne et Direction du vent.

PAR SECONDE ET PAR PÉRIODES DE TROIS HEURES.

DATES	22h 40' à 1 h 40'		1 h 40' à 4 h 40'		4 h 40' à 7 h 40'		7 h 40' à 10 h 40'		10 h 40' à 13 h 40'		13 h 40' à 16 h 40'		16 h 40' à 19 h 40'		19 h 40' à 22 h 40'		Par seconde et par jour.
	m		m		m		m		m		m		m		m		m
1	1.53	S O	1.39	S O	1.44	O	1.02	O	3.05	E	3.38	S	1.39	E	0.69	E	1.74
2	0.32	S	0.05	S	1.72	N	2.68	N E	3.24	E	2.31	E	4.44	S	2.73	O	2.10
3	1.02	N	0.83	N	1.39	N	1.58	N	2.45	N	3.14	N O	3.29	O	2.41	O	2.01
4	1.58	N O	1.11	O	0.60	N O	0.88	N O	2.27	O	2.27	S	3.01	N	5.78	N O	2.19
5	5.37	N O	4.40	N O	4.49	N O	6.57	N O	5.05	N O	6.66	N O	5.60	N O	4.17	N O	5.29
6	3.75	N O	1.99	N O	2.82	N O	3.47	N O	2.87	N	2.31	N	1.80	E	0.83	E	2.48
7	0.88	S E	1.76	S E	1.20	S	3.28	E	3.80	E	5.41	E	3.19	S	2.04	N E	2.69
8	1.76	N	1.30	N	1.53	N	2.04	N	2.59	N E	2.18	E	0.65	E	0.60	E	1.58
9	0.51	S	1.39	S	1.20	E	1.99	N E	2.82	E	3.47	S O	1.57	O	2.13	O	1.88
10	2.36	O	2.50	S O	2.41	N O	3.01	N O	3.56	N O	3.70	N O	2.96	N O	2.45	O	2.87
11	2.41	O	1.02	N O	1.11	O	1.43	N	3.57	E	3.10	S E	3.06	O	1.53	O	2.15
12	1.11	S	1.11	S	1.16	O	1.48	S O	3.24	S	3.75	E	1.85	S E	1.88	S E	1.94
13	1.50	N O	1.50	N O	1.50	S	1.50	S E	3.72	E	1.50	E	1.50	N	1.50	N E	1.78
14	1.50	S E	1.50	S E	1.50	N O	1.50	N O	1.50	N E	1.50	E	1.50	N E	1.50	N	1.50
15	1.50	S E	1.50	S E	1.50	N	1.50	N	2.64	S E	2.08	S O	1.94	S O	0.92	O	1.70
16	1.16	S O	1.58	N	1.58	N O	1.76	N O	1.48	O	2.27	O	2.37	O	1.48	N O	1.71
17	3.84	N O	4.45	N O	4.31	N O	4.07	N O	3.15	N O	3.05	N O	2.45	N O	0.55	N O	3.23
18	1.06	N O	1.48	N O	1.16	N	1.48	N	2.91	E	2.41	E	0.88	N E	3.98	E	1.92
19	2.41	E	1.90	N O	1.95	N O	2.82	N O	3.10	N O	2.91	N O	2.73	N O	2.27	N O	2.51
20	0.83	N O	2.04	N O	1.95	O	2.64	N	2.08	N E	2.73	E	1.71	S E	0.82	S E	1.85
21	1.57	S E	0.97	S E	0.97	S	2.59	E	2.73	E	2.55	E	1.85	E	1.39	E	1.83
22	0.32	N E	0.46	N E	1.44	E	1.48	E	2.22	E	2.31	S E	1.11	S O	0.78	O	1.26
23	0.88	S E	1.44	O	1.51	O	1.99	O	3.47	N	3.10	N O	2.87	O	2.18	O	2.05
24	3.42	N O	2.27	O	1.44	O	1.90	O	1.85	E	3.38	E	1.90	S E	1.30	S E	2.18
25	1.57	S E	1.44	S E	0.46	S E	1.76	E	2.41	E	2.36	E	1.72	E	1.44	E	1.64
26	0.88	N E	0.41	N E	1.30	E	1.34	N E	2.22	E	1.71	E	0.65	E	0.93	E	1.18
27	1.72	N E	2.96	O	2.96	O	3.66	O	4.82	O	4.40	O	4.12	O	3.93	O	3.57
28	2.82	N O	1.85	N	1.06	O	1.62	O	2.78	E	2.18	E	1.39	E	0.65	E	1.79
29	0.28	N E	0.41	N E	0.28	E	2.96	S E	4.77	E	5.37	E	3.52	S	1.06	E	2.33
30	0.43	S E	1.06	S E	2.92	E	4.68	E	6.57	E	7.03	E	3.89	E	0.74	S	3.41
31	0.51	S E	1.57	S E	2.08	S	5.05	S	6.06	S	7.02	E	4.40	S E	1.30	S E	3.50
Moyen.	1.64		1.60		1.71		2.44		3.19		3.27		2.43		1.80		2.26

DATES	PAR SECONDE ET PAR								PÉRIODES DE 3 HEURES.							Par seconde et par jour.
	22 h 40' à 1 h 40'		1 h 40' à 4 h 40'		4 h 40' à 7 h 40'		7 h 40' à 10 h 40'		10 h 40' à 13 h 40'		13 h 40' à 16 h 40'		16 h 40' à 19 h 40'		19 h 40' à 22 h 40'	
	m		m		m		m		m		m		m		m	m
1	0.46	S E	0.51	S E	2.78	S E	5.69	S	7.26	E	7.13	E	5.09	E	2.04	S E	3.87
2	1.02	S E	0.97	S E	0.65	S	3.33	E	4.91	E	5.69	E	2.50	E	1.44	N	2.56
3	0.92	N E	0.83	N E	1.30	N	1.34	N	2.41	E	2.50	E	1.95	N	1.39	N E	1.58
4	0.51	N	1.02	N	0.55	N E	1.44	N E	4.58	S E	5.78	S E	2.68	S	0.83	S E	2.17
5	2.31	S E	2.36	S E	3.38	S	4.81	S	7.08	E	7.11	E	4.72	S E	2.08	S E	4.33
6	1.62	S E	2.04	S E	2.50	S	5.51	E	7.27	S E	6.66	S E	3.75	S E	1.53	S E	3.86
7	0.88	S E	0.69	S E	0.41	S E	2.55	E	3.01	E	2.46	E	1.20	E	0.50	E	1.46
8	0.55	E	0.74	E	0.69	E	1.20	E	2.08	E	2.36	E	1.62	N E	2.04	N E	1.41
9	3.01	N O	1.85	N O	2.36	N O	2.78	N	2.22	N O	1.11	N	1.90	N E	1.95	N E	2.15
10	0.88	N E	1.76	S O	1.11	O	1.25	O	1.58	S	5.00	S	2.82	S E	2.41	S E	2.10
11	2.08	S E	1.30	S O	1.15	O	1.67	N	2.73	N E	2.18	E	0.79	N E	0.37	N E	1.53
12	0.74	N E	0.92	N E	0.92	E	1.16	E	2.64	E	2.41	E	1.25	E	1.30	E	1.42
13	1.44	N	1.16	N	1.76	E	2.77	E	2.82	E	2.04	E	1.25	E	0.78	E	1 76
14	2.04	S E	0.83	S O	0.79	S O	1.16	S O	4.86	O	4.95	O	2.22	S O	1.67	S O	2.31
15	1.02	S	1.95	S O	1.48	S O	0.88	S O	1.95	S	3.75	S E	1.39	S E	1.48	S E	1.81
16	1.53	S	1.90	S	1.44	S	1.06	S	2.41	E	3.75	S E	2.78	O	1.46	O	2.00
17	1.02	O	1.30	O	1.30	O	0.78	O	2.04	N	1.90	E	0.37	E	1.39	E	1.28
18	2.13	O	2.50	O	3.13	E	4.49	N O	4.58	N O	4.54	N O	3.61	N O	3.84	N O	3.60
19	3.89	N O	1.30	N O	1.71	N	2.73	N O	2.22	N O	2.41	N O	1.43	N O	1.02	N O	2.19
20	0.23	N O	0.28	N O	0.60	S	2.27	E	2.92	E	2.32	E	1.96	E	0.20	E	2.10
21	8.68	S	4.82	S O	4.89	O	2.22	N O	2.55	N E	1.90	E	0.65	N	2.68	N	3.56
22	2.32	N O	3.57	N O	2.13	N	4.03	N O	3.10	E	2.55	S	1.85	S	0.83	S	2.55
23	1.30	S E	0.55	S E	1.16	S	1.21	S	2.04	S	2.46	E	1.25	E	0.97	E	1.37
24	1.51	N E	0.74	N E	0.97	N	1.08	N	1.62	N O	0.92	N O	0.60	N O	0.46	N O	0.86
25	0.88	N O	1.20	N O	1.16	N O	1.80	N O	3.38	N E	2.59	E	1.39	N O	2.92	N O	1.95
26	1.39	N E	2.13	N E	3.94	N O	5.55	N O	5.78	N O	3.98	N O	1.85	N O	0.79	N O	3.18
27	0.46	O	0.83	O	1.12	N O	1.81	N O	3.89	E	2.64	N E	1.06	N E	0.74	N E	1.57
28	1.06	N E	1.20	N O	0.74	N	0.92	N	2.82	N E	3 43	E	1.95	E	0.79	E	1.61
29	0.74	E	0.88	E	1.10	E	1.25	E	2.59	E	2 13	E	0.83	E	1.53	E	1.38
30	1.95	N E	1.81	N E	1.20	N O	1.30	N O	1.90	N E	1.48	E	2.45	E	2.73	E	1.85
Moyen.	1.01		1.47		1.58		2.34		3.37		3 34		1.97		1.66		2.17

Vitesse moyenne et Direction du vent.

PAR SECONDE ET PAR PÉRIODES DE TROIS HEURES.

DATES	22 h 40' à 1 h 40'		1 h 40' à 4 h 40'		4 h 40' à 7 h 40'		7 h 40' à 10 h 40'		10 h 40' à 13 h 40'		13 h 40' à 16 h 40'		16 h 40' à 19 h 40'		19 h 40' à 22 h 40'		Par seconde et par jour.
	m		m		m		m		m		m		m		m		m
1	1.67	S O	1.39	O	0.97	O	1.02	O	1.62	O	3.47	N O	2.50	N O	3.70	N O	2.04
2	2.41	O	3.80	N O	5 32	N O	7.80	N O	7.54	N O	6.25	N O	3.43	N O	2.27	N	4.85
3	0.83	N O	0.79	N O	1.02	N O	1.94	O	5.41	N O	6.78	O	4.40	N O	3.61	N O	3.10
4	1.81	N O	1.43	N O	1.12	N O	1.89	N O	1.81	S	2.18	E	1.53	E	1.16	E	1.62
5	1.02	E	2.04	N E	2.13	N O	5.41	N O	5.32	N O	3.98	N O	2.13	N O	1.11	N O	2.89
6	1.16	N O	1.44	N O	0.83	N O	1.57	N O	1.62	S	2.45	E	2.45	E	1.20	N	1.59
7	0.69	N	0.41	N	1.99	N E	3.33	N	2.08	S E	1.62	E	1.25	E	0.69	N E	1.51
8	0.74	N	0.65	N	0 78	E	1.71	N	1.37	E	1.11	E	1.20	E	1.34	E	1.11
9	1.95	O	1.71	O	1.11	N	0.51	N	1.53	E	1.90	E	0.69	E	1.11	E	1.31
10	0.85	E	0.74	E	0 83	E	0.83	E	2.27	E	1.90	E	0.78	S E	0.37	S E	1.07
11	0.41	E	0.18	E	0.28	S E	1.06	S E	1.53	S E	0.83	S	0.65	S	0.32	S	0.66
12	3.84	N O	7.03	N O	6.06	N O	6.76	N O	7.08	N O	7.11	N O	6.16	N O	3.89	N O	5.99
13	3.88	N O	3 47	N O	2.41	N	1.85	N	3.10	E	2.59	E	1.67	E	1.99	S	2.62
14	1.71	S	1.57	S	1 11	S O	1.67	S O	2.01	E	1.81	E	0.46	E	1.34	E	1.46
15	1.57	N E	1.25	N E	1.49	O	0 97	O	1.44	E	2.04	E	1.30	E	1.34	E	1.42
16	1.06	S O	1.34	S O	1.48	S O	0.92	S O	2.18	E	2.04	E	0.65	E	0.23	E	1.24
17	0.55	S E	0.65	S E	1.43	E	2.27	E	3.24	E	2.50	E	1.02	E	0.74	E	1.55
18	0.97	N E	0.55	N E	0.65	E	0.92	E	1.85	E	1.81	E	1.02	N E	1.29	N E	1.13
19	0 60	N O	0.60	N O	0.97	N E	1.16	N E	4.86	S E	6.20	S E	5.32	S E	4.58	S E	3.04
20	3.48	S E	2 73	S E	1.48	N	3.29	N	2.55	N	1.85	N	1.25	N	1.02	N	2.21
21	1.16	N	0.51	N	0.82	N	1.16	N	2.08	E	2.22	E	0.69	E	0.83	E	1.18
22	1.71	N O	1.57	S O	1 69	N O	2.04	O	6.84	N O	3.61	N O	2.48	N O	2.64	N	2.92
23	1.25	S O	1.16	S O	1 81	N E	1 44	E	4.17	E	2 45	E	0.97	E	2.41	N	1.96
24	2.08	N O	3.56	N O	3.94	N O	4.91	O	5.09	N O	4.21	N O	6.45	N O	4.91	N O	4.36
25	5.14	N O	5.69	N O	7.22	N O	7.78	N O	7.64	N O	7.64	N O	6.94	N O	8.01	N O	7.01
26	7.48	N O	6.57	N O	8.33	N O	8.38	N O	7.50	N O	7.31	N O	6.02	N O	4.54	N O	7.02
27	3.29	N O	1.20	N	1.02	E	2.50	N	1.95	N	2.59	S	1.30	S O	1 16	S O	1.88
28	1 58	O	1.30	O	1 30	S O	0 92	S O	1.30	S O	1.58	S	0.79	S E	1.62	S E	1.30
29	1.53	N E	1.67	N E	1.67	S	1.06	S	2.01	E	2.22	E	1.02	E	0.69	E	1.58
30	1.30	S E	1.16	S E	3 15	S	5 65	S	8.98	S	6.43	S	5.37	S	2.96	S	4.37
31	4.58	S E	4.40	S E	3.75	S	3.19	S	4.53	S	3.79	S	1.57	S	2.18	S O	3.50
Moyen.	2.01		2.02		2.19		2.80		3.65		3.37		2.36		2.10		2.56

DATES	22 h 40' à 1 h 40'		1 h 40' à 4 h 40'		4 h 40' à 7 h 40'		7 h 40' à 10 h 40'		10 h 40' à 13 h 40'		13 h 40' à 16 h 40'		16 h 40' à 19 h 40'		19 h 40' à 22 h 40'		Par seconde et par jour.
	m		m		m		m		m		m		m		m		m
1	3.47	S E	2.04	S E	2.55	N O	5.37	N E	5.06	E	4.21	E	5.00	O	5.41	O	4.14
2	6.15	N O	8.47	N O	10.23	N O	9.49	N O	8.52	N O	6.71	N O	5.74	N O	4.17	O	7.43
3	3.75	N O	2.73	N O	3.33	N	2.32	O	1.67	O	2.05	E	0.78	E	1.06	E	2.21
4	0.74	E	0.88	E	1 06	E	0.97	E	1.74	E	1.44	E	1.20	E	1.53	N	1.19
5	1.02	N E	1.76	N E	1.20	N O	0.92	N O	2.27	S	4.12	S E	3.05	S	0.88	S E	1.90
6	1.02	S E	1.16	S E	1.95	S O	1.43	S O	1.44	S	0.97	E	1.16	E	1.11	E	1.28
7	3.52	S E	5.28	S E	3.01	S	3.71	S	3.24	S	3.47	S E	3.79	S	2.82	S	3.60
8	0.92	O	1.11	O	1.11	S	0.51	S	2.27	O	3.75	N O	3.66	N O	4 58	N O	2.24
9	3.56	N O	2.50	N O	2.22	N O	4.77	N O	5.41	N O	3.80	N O	3.29	N O	3.24	N.O	3.60
10	1.94	N	1.76	N	2.27	N O	5.51	N O	7.73	N O	4.21	N O	2.45	N O	0.69	O	3.32
11	1.67	O	0.97	O	0.74	O	1.16	O	2.22	O	3.19	E	1.48	N E	2.22	N O	1.71
12	7.59	N O	9.26	N O	7.68	N O	8.10	N O	10.60	N O	10.05	N O	7.91	N O	8.24	N O	8.68
13	8.54	N O	10.31	N O	9.31	N O	10.97	N O	9.68	N O	8.89	N O	8.47	N O	8 24	N O	9.30
14	5.88	N O	7.87	N O	6.57	N O	6.52	N O	4.95	N O	2.45	N O	3.06	N O	3.43	O	5.10
15	1.71	O	0.78	O	1.20	O	1.11	N O	0.68	O	0.60	O	0.69	O	0.87	O	0.95
16	0.74	O	1.62	N	1.48	N O	6.15	N O	8.24	N O	8.05	N O	8.05	N O	6.57	N O	5.11
17	5.18	N O	5.60	N O	7.03	N O	9.95	N O	7.82	N O	5.23	N O	5.97	N O	7.22	N O	6.75
18	8.10	N O	9.63	N O	9.26	N O	8.47	N O	8.98	N O	7.78	N O	7.96	N O	7.78	N O	8.49
19	9.40	N O	10.14	N O	8.01	N O	8.89	N O	9.26	N O	8.61	N O	9.07	N O	5.46	N O	8.60
20	2.18	N O	2.13	N O	4.07	N O	3.05	N O	4.82	E	3.57	E	3.31	E	1.11	N	2.90
21	1.25	N O	1.11	N O	1.11	N O	0.37	N O	1.06	N	1.11	N E	0.97	N E	1.38	O	1.04
22	1.39	N O	1.11	N O	0.60	N O	0.41	N O	1.11	N O	5.04	N O	5.88	N O	6.34	N O	2.66
23	5.04	O	2.69	O	3.49	N O	3.94	N O	6.57	N O	4.17	N O	4.02	N O	4.35	N O	4.28
24	4.49	N O	4.86	N O	3.75	N O	3.08	O	2.41	E	1.85	S	0.51	O	1.06	E	2.75
25	0.97	N E	0.65	N E	1.41	N E	1.16	N O	1.16	O	1.71	O	1.20	O	2.08	O	1.25
26	3.47	N O	4.17	N O	3.28	N O	2.61	O	2.45	N O	3.52	N O	2.55	N O	1.57	N	2.96
27	1.85	O	1.85	S O	1.95	O	0.88	O	0.93	E	0.41	S	0.60	O	2.36	S	1.35
28	2.59	O	2.96	O	3.89	O	4.07	S	1.53	N E	0.78	O	2.04	O	1.71	O	2.45
29	1.30	S O	1.53	S O	3.47	N O	3.52	N O	4.77	N O	3.81	S O	2.78	O	5.74	N O	3.37
30	3.70	N O	3.24	N O	1.81	S E	1.02	E	1.99	E	4.43	N	1.16	N O	1.34	N O	1.96
Moyen.	3.44		3.67		3.62		4.02		4.35		3.90		3.54		3.48		3.75

PAR SECONDE ET PAR PÉRIODES DE TROIS HEURES.

Vitesse moyenne et Direction du vent.

DATES	PAR SECONDE ET PAR							PÉRIODES DE TROIS HEURES.								Par seconde et par jour.
	22 h 40' à 1 h 40'		1 h 40' à 4 h 40'		4 h 40' à 7 h 40'		7 h 40' à 10 h 40'		10 h 40' à 13 h 40'		13 h 40' à 16 h 40'		16 h 40' à 19 h 40'		19 h 40' à 22 h 40'		
	m		m		m		m		m		m		m		m		m
1	3.28	N O	5.65	N O	6.57	N	6.25	N O	6.76	N O	5.55	N O	5.00	N O	6.25	N O	5.66
2	4.26	N O	4.07	N	1.67	N E	1.48	N O	1.30	N O	1.99	N O	1.44	N O	0.46	O	2.08
3	0.65	O	1.30	O	1.30	O	1.02	O	1.20	O	1.34	O	1.68	O	1.11	O	1.20
4	2.36	N O	2.36	N O	3.52	N O	4.49	N O	6.29	N O	7.12	N O	6.34	N O	5.18	N O	4.71
5	5.69	N O	7.68	N O	7.36	N O	8.84	N O	9.72	N O	9.81	N O	9.54	N O	9.03	N O	8.46
6	8.24	N O	9.63	N O	9.91	N O	7.82	O	6.48	N O	4.77	N	6.71	N O	6.34	N O	7.49
7	5.65	N	4.63	N O	3.70	N O	4.90	N O	6.75	N O	5.55	N O	2.73	S	1.16	S	4.38
8	1.06	S	1.44	S	0.88	O	1.16	N	3.05	N E	1.95	O	1.90	O	1.13	O	1.57
9	1.30	N O	0.92	N O	1.11	O	1.11	O	1.34	O	1.16	O	1.94	O	1.58	O	1.31
10	1.99	S O	1.85	S O	2.13	O	1.85	O	2.27	N O	2.89	N O	5.09	O	3.33	N O	2.67
11	4.81	N O	5.00	N O	4.07	N O	4.72	N O	5.92	N O	4.26	N O	3.01	N O	1.67	N E	4.18
12	0.74	O	0.92	O	1.53	N	1.11	N O	2.22	S	2.18	O	1.20	N O	1.62	E	1.44
13	1.35	S O	1.44	S O	1.67	O	1.07	O	1.11	N E	0.78	E	1.30	O	0.46	O	1.15
14	1.44	E	1.44	E	1.85	O	1.90	O	0.41	O	0.68	O	0.47	O	1.16	O	1.17
15	1.81	E	1.20	E	0.97	N	1.06	N	2.01	O	1.89	O	1.62	O	1.81	O	1.55
16	2.18	N O	1.39	N	2.22	N E	4.44	N O	6.98	N O	4.53	O	3.33	O	4.81	O	3.73
17	4.12	N E	3.15	N E	2.60	N O	4.03	N O	4.72	N O	2.59	N O	4.91	N O	4.58	N O	3.84
18	2.55	N O	2.13	N	3.29	O	1.53	O	2.13	S	1.02	E	0.83	O	0.64	N	1.76
19	0.74	N	0.32	N	1.44	O	1.02	O	0.78	N E	0.32	E	0.79	E	1.67	O	0.88
20	1.19	N	2.22	N O	4.54	N O	2.13	N O	2.87	N O	2.45	N O	2.04	N O	0.83	N	2.28
21	3.70	N O	4.21	N O	3.75	N O	4.49	N O	3.57	N O	1.04	E	0.88	E	0.83	O	2.85
22	1.25	N	2.41	N	1.85	O	1.39	O	0.93	O	0.18	O	0.18	E	0.37	O	1.07
23	0.46	N	0.55	N	4.81	O	0.83	N O	3.33	N O	2.96	O	1.34	O	1.81	N O	1.64
24	1.39	N	2.50	N	1.90	N	0.79	N	1.39	N E	1.02	O	0.79	N	1.30	O	1.38
25	0.60	N	0.55	N	1.60	O	0.93	O	1.02	O	0.83	E	0.28	E	0.69	E	0.81
26	1.67	N	1.81	N	1.58	O	0.83	O	0.63	O	1.67	E	0.69	N	0.97	N	1.23
27	1.30	N	1.67	N	2.04	O	2.26	O	0.92	S	1.11	S	1.34	O	2.08	N O	1.59
28	2.04	S O	0.88	S O	1.34	O	1.10	O	1.30	N O	1.81	N E	2.78	S	5.74	S	2.19
29	1.80	S O	1.43	O	1.81	O	1.39	O	1.34	O	1.06	O	1.71	N O	2.50	N O	1.63
30	2.36	N	1.62	N	1.06	O	1.30	O	2.22	O	2.64	N O	0.88	N O	0.36	O	1.55
31	0.82	N	1.11	N	1.25	O	1.99	S O	1.65	O	6.31	N O	5.65	N O	4.63	N O	2.93
Moyen.	2.35		2.53		2.65		2.56		2.99		2.70		2.53		2.45		2.58

RÉSUMÉ DES OBSERVATIONS ANÉMOMÉTRIQUES FAITES EN 1871.

MOIS DE L'ANNÉE.	VITESSE MOYENNE								
	PAR PÉRIODES TRI-HORAIRES.								Par seconde et par jour.
	De 22 h 40' à 1 h 40'	De 1 h 40' à 4 h 40'	De 4 h 40' à 7 h 40'	De 7 h 40' à 10 h 40'	De 10 h 40' à 13 h 40'	De 13 h 40' à 16 h 40'	De 16 h 40' à 19 h 40'	De 19 h 40' à 22 h 40'	
	m	m	m	m	m	m	m	m	m
Janvier	3.68	3.83	3.78	3.83	3.97	3.87	3.67	4.11	3.84
Février	3.16	3.18	2.83	2.88	3.77	3.92	3.51	3.21	2.30
Mars	3.47	3.49	3.59	4.59	5.38	5.06	4.26	3.93	4.22
Avril	2.30	2.23	2.22	3.27	3.75	4.01	2.87	2.43	2.88
Mai	1.45	1.38	1.52	2.54	3.14	2.98	2.19	1.63	2.10
Juin	2.67	2.57	3.22	4.08	4.35	4.41	3.59	2.96	3.48
Juillet	2.06	1.87	2.01	2.87	3.55	3.55	2.80	2.31	2.62
Août	1.64	1.60	1.71	2.44	3.19	3.27	2.43	1.80	2.26
Septembre	1.61	1.47	1.58	2.34	3.37	3.34	1.97	1.66	2.47
Octobre	2.01	2.02	2.19	2.80	3.65	3.37	2.36	2.10	2.56
Novembre	3.44	3.67	3.62	4.02	4.35	3.90	3.54	3.48	3.75
Décembre	2.35	2.53	2.65	2.56	2.99	2.70	2.53	2.46	2.58
Moyenne annuelle	2.49	2.49	2.58	3.18	3.79	3.70	2.98	2.67	2.98

MOIS DE L'ANNÉE.	MAXIMUM DE LA VITESSE					
	PAR PÉRIODES				MAXIMUM ABSOLU.	
	DIURNES.		TRI-HORAIRES.			
	m		m		m	
Janvier............	11.12	le 12	12.36	le 12 de 1h 40' à 4h 40'	16.66	le 12, de 12h 30' à 12h 40'
Février............	9.17	le 11	11.02	le 8 de 7h 40' à 10h 40'	15.83	le 11, de 2h 40' à 2h 50'
Mars..............	9.64	le 17	11.34	le 30 de 22h 40' à 1h 40'	16.66	le 30, de 2h 30' à 2h 40'
Avril..............	5.85	le 30	8.33	le 20 de 1h 40' à 4h 40'	10.00	le 21, de 12h 10' à 12h 40'
Mai...............	4.80	le 18	7.36	le 24 de 16h 40' à 19h 40'	8.33	le 24, de 14h à 14h 30' — de 17h 50' à 18h 10'
Juin..............	7.81	le 3	10.56	le 3 de 7h 40' à 10h 40'	13.33	le 3, de 8h 20' à 8h 40'
Juillet............	4.66	le 20	8.93	le 11 de 13h 40' à 16h 40'	10.00	le 11, de 14h 10' à 15h 30'
Août..............	5.29	le 5	7.03	le 30 de 13h 40' à 16h 40'	8.33	le 30, de 14h 20' à 14h 50'
Septembre.........	4.33	le 5	8.68	le 21 de 22h 40' à 1h 40'	12.50	le 21, de 23h 30' à 23h 40'
Octobre...........	7.02	le 26	8.98	le 30 de 10h 40' à 13h 40'	13.33	le 30, de 11h. à 11h 10'
Novembre.........	9.30	le 13	10.97	le 13 de 7h 40' à 10h 40'	13.33	le 12, de 14h à 14h 10' le 13, de 9h 50' à 10h
Décembre..........	8.46	le 5	9.91	le 6 de 4h 40' à 7h 40'	12.50	le 5, de 13h à 13h 30' le 6, de 2h 10' à 10h 20'

Vitesse moyenne et direction du vent, par seconde et par périodes de trois heures.

DATES	22h 40' à 1h 40' (m)		1h 40' à 4h 40' (m)		4h 40' à 7h 40' (m)		7h 40' à 10h 40' (m)		10h 40' à 13h 40' (m)		13h 40' à 16h 40' (m)		16h 40' à 19h 40' (m)		19h 40' à 22h 40' (m)		Par seconde et par jour (m)
1	4.12	NO	3.56	N	4.12	O	4.03	NO	4.63	NO	3.47	NE	1.76	O	2.04	O	3.47
2	1.16	O	1.39	O	1.48	O	1.44	O	1.02	E	0.91	E	0.97	E	1.67	O	1.25
3	1.48	O	1.85	O	1.99	O	1.44	O	1.11	S	0.69	S	0.60	S	1.01	S	1.27
4	1.76	SE	2.13	SE	2.04	O	1.44	O	0.60	O	0.88	E	0.32	E	0.46	E	1.20
5	0.69	SO	1.16	SO	1.39	O	1.06	O	0.74	O	0.74	O	0.83	O	1.06	O	0.96
6	1.06	N	2.22	N	2.08	O	1.73	O	0.79	O	0.97	E	0.83	S	1.53	O	1.40
7	1.67	SO	2.08	SO	1.76	NO	1.44	O	1.71	SO	1.11	S	0.87	SO	1.57	O	1.53
8	0.97	SO	1.34	SO	0.97	O	3.05	O	6.06	O	4.07	NO	2.82	NO	2.27	NO	2.69
9	1.16	O	1.85	O	6.25	O	7.87	NO	9.77	NO	8.65	NO	6.90	NO	8.42	NO	6.36
10	9.72	N	6.57	N	7.03	N	6.38	NO	6.75	NO	6.89	NO	3.66	NO	2.59	NO	6.20
11	5.27	NO	5.37	N	4.91	O	2.69	N	3.84	NO	4.49	NO	1.62	NO	4.96	NO	4.14
12	2.92	N	4.86	N	3.66	NO	4.12	NO	7.45	NO	7.27	NO	5.23	NO	6.34	NO	5.23
13	8.05	N	8.10	NO	3.84	O	3.10	NO	5.60	NO	5.41	NO	1.76	N	2.87	NO	4.84
14	2.41	N	1.34	N	1.99	NO	1.53	NO	3.93	N	5.41	NO	4.21	NO	3.66	NO	3.06
15	1.39	NE	0.83	N	0.79	O	0.93	O	1.30	E	1.11	E	0.69	S	1.25	O	1.04
16	1.20	O	1.34	O	1.53	O	1.20	O	1.34	NE	0.65	NE	0.60	NE	0.51	NE	1.05
17	0.41	O	0.42	O	1.44	O	0.83	O	0.55	E	0.79	E	0.32	E	0.60	E	0.67
18	0.69	N	0.97	N	1.25	O	1.44	O	0.79	O	1.57	E	1.20	S	0.60	O	1.06
19	0.83	N	2.18	SE	3.38	S	3.08	SE	3.66	NO	3.52	NO	3.19	NO	2.59	NO	2.92
20	2.55	NO	1.57	O	2.59	N	2.32	O	3.42	N	3.47	NE	2.73	NO	2.72	NO	2.67
21	2.04	N	1.67	N	1.48	O	1.34	O	2.50	E	1.85	S	2.04	O	2.18	O	1.89
22	1.46	SO	1.48	SO	1.30	O	1.97	O	2.18	O	1.13	SO	2.73	E	2.68	O	1.83
23	2.36	SO	5.92	S	5.77	O	2.08	NO	1.53	SO	1.11	E	1.06	NE	1.11	NE	2.62
24	0.97	N	1.48	N	1.67	O	1.67	O	1.62	N	2.22	NO	0.55	NO	1.02	O	1.40
25	4.02	N	0.97	O	1.39	O	1.48	O	1.16	NE	1.11	E	0.79	SE	0.97	O	1.11
26	4.16	SO	1.53	SO	1.16	O	1.20	O	2.68	O	1.85	N	1.30	S	1.85	O	1.59
27	2.96	N	2.64	NO	1.53	NO	3.10	O	4.86	O	5.14	NO	4.86	NO	3.10	NO	3.52
28	4.26	NO	4.68	NO	2.13	NO	3.47	NO	4.81	NO	3.29	O	3.04	O	3.94	NO	3.70
29	2.69	O	2.87	O	3.05	O	3.89	O	4.45	O	3.33	NO	1.30	O	1.34	O	2.86
30	1.20	O	1.44	O	1.30	O	1.44	O	1.34	E	1.20	E	0.28	E	0.65	E	1.11
31	0.37	O	0.32	O	1.34	O	1.20	O	3.01	E	4.17	S	3.19	S	0.83	S	1.80
Moyen.	2.25		2.46		2.47		2.41		3.07		2.85		2.01		2.20		2.47

 Vitesse moyenne et Direction du vent.

PAR SECONDE ET PAR — PÉRIODES DE TROIS HEURES.

DATES	22 h 40' à 1 h 40'		1 h 40' à 4 h 40'		4 h 40' à 7 h 40'		7 h 40' à 10 h 40'		10 h 40' à 13 h 40'		13 h 40' à 16 h 40'		16 h 40' à 19 h 40'		19 h 40' à 22 h 40'		Par seconde et par jour.
	m		m		m		m		m		m		m		m		m
1	1.11	E	2.68	S E	1.11	N O	1.39	N	6.38	S	7.50	S	8.56	S	11.25	S	5.00
2	9.69	S E	7.69	S E	5.42	S E	5.55	E	2.55	S	2.55	E	1.90	S	1.57	O	4.61
3	2.13	S O	3.80	N O	4.49	O	4.77	O	4.58	O	4.03	O	3.47	O	2.32	O	3.70
4	1.62	S O	1.53	S O	1.48	O	0.74	U	1.95	E	2.97	O	4.50	E	5.55	E	2.55
5	8.98	S E	6.39	S E	3.80	S	6.48	S	10.23	S	8.01	S	7.06	S	3.61	S	6.82
6	6.16	S E	3.21	S E	6.20	S	5.83	S	7.22	S	4.86	S	2.69	E	3.84	S	5.02
7	6.06	S E	6.11	S E	5.83	N E	4.17	S	4.31	S	4.36	S E	3.84	E	3.98	S E	4.83
8	2.04	S E	1.71	S E	1.16	O	1.44	O	1.76	E	1.81	E	1.06	S	0.92	O	1.49
9	0.74	O	0.55	O	0.83	O	0.92	O	1.20	N E	1.25	E	0.83	E	0.74	E	0.88
10	0.46	E	0.78	E	0.97	N	0.79	N	1.29	E	2.04	S E	2.08	S	2.78	S	1.40
11	2.59	E	1.71	E	0.92	O	1.43	O	5.69	S	7.13	S	7.78	S	8.84	S	4.51
12	8.33	S E	6.94	S E	5.37	S	5.92	S O	4.26	N O	2.31	N	1.85	E	1.06	O	4.50
13	0.51	O	0.83	O	1.25	O	0.92	O	2.22	E	3.28	E	1.53	N O	1.11	N O	1.46
14	1.16	N O	1.20	N O	0.78	N O	0.97	O	1.99	N E	4.26	S	6.29	S	5.09	S	2.71
15	5.51	S E	6.02	S E	2.68	N O	2.50	N O	2.55	O	2.08	N O	2.32	N O	3.15	N O	3.35
16	1.81	S	1.62	S	1.71	O	1.48	O	4.40	N O	4.81	N O	4.30	O	1.82	O	2.74
17	3.24	S O	2.41	N O	1.58	O	1.06	O	1.34	E	2.22	E	1.71	E	1.53	O	1.89
18	1.62	O	1.34	O	1.11	O	1.25	O	4.16	S	4.86	S	4.16	S	2.18	S	2.58
19	3.57	S E	3.70	S E	3.15	S	4.35	S E	5.28	S	5.37	S	4.49	S	2.68	S E	4.07
20	1.11	E	0.60	E	1.11	S O	0.51	S O	0.83	S O	1.53	E	0.92	E	1.62	N	1.03
21	1.62	S	1.67	S	1.02	O	1.71	O	4.68	N O	5.23	N O	3.56	N O	3.33	O	2.85
22	2.45	S O	1.90	O	2.13	O	1.62	O	1.53	N E	2.36	E	1.20	S	1.16	S O	1.79
23	1.39	O	1.71	O	1.30	O	0.97	O	1.31	E	1.34	E	0.69	E	0.93	E	1.21
24	1.62	E	1.30	E	1.57	O	1.44	O	1.34	N E	1.44	N E	1.09	N E	0.28	N E	1.18
25	0.18	O	0.46	O	0.74	O	0.14	O	1.06	S O	1.39	E	1.11	E	1.16	E	0.78
26	1.96	N O	1.53	O	2.68	O	2.36	N O	6.61	N O	4.07	N O	3.47	S O	6.38	O	3.63
27	5.14	N O	7.73	N O	6.48	N O	4.58	N O	5.92	N O	8.98	N O	7.45	N O	6.06	N O	6.54
28	4.03	N O	4.35	N O	5.37	N O	5.46	O	4.72	N O	2.68	E	1.62	S	0.97	O	3.65
29	1.48	O	0.96	O	1.53	O	0.65	O	0.00	S E	0.83	E	0.83	E	1.53	N	0.98
Moyen.	3.00		2.84		2.54		2.46		3.49		3.64		3.12		3.02		3.02

MARS 1872.   Vitesse moyenne et   Direction du vent.   MARS 1872.

DATES	PAR SECONDE ET PAR				PÉRIODES DE TROIS HEURES.				Par seconde et par jour.
	22 h 40' à 1 h 40'	1 h 40' à 4 h 40'	4 h 40' à 7 h 40'	7 h 40' à 10 h 40'	10 h 40' à 13 h 40'	13 h 40' à 16 h 40'	16 h 40' à 19 h 40'	19 h 40' à 22 h 40'	
	m	m	m	m	m	m	m	m	m
1	1.76 S	0.65 S	0.60 O	0.83 O	0.83 E	1.11 E	0.69 E	0.33 E	0.85
2	1.34 S	1.16 S	0.88 O	1.20 O	4.21 O	4.12 O	3.10 N O	1.58 N O	2.19
3	1.06 N O	1.11 O	2.18 O	1.76 O	2.13 E	2.50 E	1.39 E	1.11 S	1.65
4	1.94 S E	2.22 S E	2.22 E	3.38 S E	5.41 S	5.83 E	4.68 S E	3.75 S E	3.68
5	2.08 S E	2.73 S E	2.45 S E	3.98 S	4.17 S	6.99 E	5.00 S E	4.40 S E	3.97
6	3.70 S E	5.05 S E	5.55 E	6.11 E	6.52 S E	6.76 E	7.50 E	8.38 S E	6.20
7	7.92 S E	6.25 E	8.10 S E	6.53 S E	7.07 S E	5.09 S	2.59 S	3.24 S	5.85
8	3.42 S E	3.70 S E	3.52 E	2.45 E	1.58 N E	3.33 S E	5.37 N E	4.49 N E	3.48
9	3.43 N E	4.15 E	3.56 N O	3.84 N O	4.95 N O	5.32 O	4.58 N O	5.32 N O	4.39
10	5.22 S O	6.52 N O	8.56 N O	8.01 N O	8.56 N O	8.52 O	6.62 O	6.85 O	7.36
11	6.62 N O	6.75 N O	6.52 N O	8.47 N O	7.48 N O	7.82 N O	6.52 N O	8.10 N O	7.28
12	6.66 N O	7.73 N O	7.78 N O	7.59 O	7.59 N O	6.94 N O	5.82 N O	5.46 N O	6.95
13	6.11 N O	3.75 N O	4.54 O	4.12 O	4.49 N O	3.89 N O	3.80 O	2.82 O	4.19
14	2.73 S O	1.85 O	1.48 O	1.20 N O	1.99 E	3.10 S E	1.85 S	0.18 O	1.80
15	2.50 O	4.10 N O	4.20 O	4.40 N O	6.62 N O	5.60 N O	4.12 N O	3.33 N O	4.36
16	3.24 N O	4.77 N O	4.68 O	5.65 N O	4.95 N O	4.95 O	4.37 N O	3.15 O	4.47
17	3.05 S O	2.64 S O	1.53 O	1.34 O	1.67 E	2.17 E	1.06 S E	2.04 O	1.97
18	2.13 S O	1.90 S O	1.95 O	4.07 O	5.51 O	6.97 O	5.69 O	6.25 N O	4.31
19	8.05 N O	5.28 N O	4.35 N O	5.74 N O	8.15 N O	7.59 O	6.06 N O	5.74 N O	6.37
20	5.70 N O	5.18 O	4.67 N O	5.60 N O	7.03 N O	5.88 O	6.34 N O	4.12 N O	5.56
21	1.02 N	0.88 N	0.78 O	2.59 N O	2.87 O	1.71 E	1.16 S E	2.45 N O	1.68
22	2.04 S O	1.34 S O	1.39 O	2.41 S	3.47 S	1.53 S	2.08 N O	2.18 N O	2.05
23	1.30 O	1.76 N O	2.41 N O	2.13 N O	3.15 E	2.08 E	2.18 N O	1.02 N O	2.08
24	1.53 N O	1.11 N O	1.34 O	3.66 O	5.05 O	5.14 O	5.23 O	4.77 O	3.48
25	3.98 O	2.82 N O	1.71 O	2.13 N O	1.87 O	2.22 E	1.25 S	0.69 S	2.08
26	0.60 S	0.60 S	1.02 N E	3.15 N E	1.81 O	3.19 E	1.99 S E	0.97 S	1.67
27	0.74 S	1.58 S	1.17 S	0.92 E	2.82 E	4.26 E	1.80 S	1.95 E	1.90
28	1.06 S O	1.25 S O	0.55 N	2.18 E	3.24 E	3.84 E	1.34 E	1.43 E	1.86
29	0.60 E	0.37 E	0.60 S E	1.34 E	2.68 E	2.87 E	3.24 E	5.64 E	2.17
30	6.71 E	6.66 E	3.98 S	3.38 E	10.93 S O	10.83 S O	8.33 S O	6.66 S O	7.18
31	5.00 S E	3.33 S E	7.50 O	7.50 O	9.17 N O	10.00 N O	6.65 N O	3.33 N O	6.56
Moyen.	3.33	3.20	3.28	3.80	4.77	4.98	3.95	3.62	3.86

AVRIL 1872.   Vitesse moyenne et   Direction du Vent.   AVRIL 1872.

DATES	22 h 40' à 1 h 40'		1 h 40' à 4 h 40'		4 h 40' à 7 h 40'		7 h 40' à 10 h 40'		10 h 40' à 13 h 40'		13 h 40' à 16 h 40'		16 h 40' à 19 h 40'		19 h 40' à 22 h 40'		Par seconde et par jour
	m		m		m		m		m		m		m		m		m
1	».»»	N O	».»»	N O	».»»	O	».»»	O	».»»	N E	».»»	E	».»»	E	».»»	N E	».»»
2	».»»	N O	».»»	O	».»»	O	».»»	O	».»»	N O	».»»	O	».»»	N O	».»»	N O	».»»
3	».»»	N O	».»»	N O	».»»	O	1.67	N O	3.79	E	5.23	S E	3.15	S E	2.64	E	3.29
4	3.66	N O	4.90	S O	4.72	N O	5.78	N O	5.97	N O	4.54	N O	2.22	N O	5.55	N O	4.59
5	8.05	O	5.37	O	6.80	N O	5.64	O	6.71	N O	6.80	N O	7.22	N O	9.17	N O	6.07
6	10.28	O	9.63	N O	10.97	N O	11.99	N O	11.16	N O	9.03	N O	6.76	N O	8.57	N O	9.80
7	7.17	N O	7.64	O	8.70	N O	7.82	N O	8.29	N O	8.24	N O	7.78	N O	6.38	N O	7.75
8	6.02	N O	5.88	N O	5.78	N O	5.23	N O	5.05	N O	4.72	N	5.09	O	5.78	N O	5.44
9	5.09	O	4.07	O	6.57	O	5.65	N O	10.05	N O	10.37	N O	8.89	N O	8.75	N O	7.13
10	8.93	N O	5.46	N O	6.85	N O	7.87	N O	7.40	N O	6.52	N O	5.05	N O	8.56	N O	6.45
11	1.53	O	1.39	O	1.16	O	1.99	E	2.22	E	2.32	E	1.71	E	0.60	E	1.61
12	1.02	N E	2.78	E	3.42	S E	5.69	S E	7.27	S	6.66	E	4.12	E	1.90	S	4.11
13	1.16	E	0.74	E	1.25	O	1.16	O	2.36	E	2.50	E	0.88	E	1.20	E	1.41
14	1.14	S	1.95	S	1.81	O	0.85	O	1.48	E	1.99	S	2.13	S O	2.41	O	1.72
15	1.53	S O	1.30	S O	2.50	O	3.70	O	5.05	N O	4.91	N O	3.70	N O	2.08	N O	3.10
16	2.87	N O	1.85	N O	2.59	N O	5.60	O	6.06	O	6.29	O	4.58	O	3.98	O	4.23
17	3.94	N O	1.76	N	2.73	O	4.31	O	4.81	O	4.31	N O	3.94	N O	3.24	N O	3.63
18	3.38	N O	3.08	N O	4.68	O	3.57	N O	2.27	O	2.22	O	1.53	O	2.55	O	3.02
19	2.00	O	1.75	O	1.50	O	1.25	S E	1.50	S E	1.67	E	1.20	E	0.37	E	1.40
20	1.11	N E	1.11	N E	1.30	O	3.29	E	5.51	E	7.82	S	7.03	S	4.95	S	4.01
21	4.21	S E	1.81	S E	2.50	N O	2.64	N O	2.92	E	4.45	E	1.67	E	1.53	E	2.72
22	5.69	S E	4.95	S E	5.92	S	9.58	O	10.65	S	7.50	S	4.16	S O	2.45	S O	6.36
23	1.81	S E	1.30	O	1.48	S O	1.80	S	3.19	O	2.64	E	3.84	E	1.94	O	2.26
24	1.62	O	2.09	O	1.57	S O	1.34	E	3.29	E	4.12	E	2.78	E	1.11	O	2.24
25	0.97	E	1.25	E	1.20	O	1.25	E	2.36	E	3.42	E	1.76	E	0.88	E	1.64
26	1.02	N E	1.30	N E	1.57	E	3.47	E	6.43	S	6.20	E	6.52	S E	8.33	S E	4.35
27	4.91	S E	3.15	E	2.22	E	1.74	E	4.58	E	5.51	E	3.29	E	1.62	S E	3.37
28	1.99	N O	1.90	N O	1.71	E	1.06	O	4.86	N O	4.94	N O	6.80	N O	7.64	O	3.86
29	7.17	O	8.47	O	10.10	N O	9.12	N O	8.89	N O	9.16	N O	7.73	O	7.17	O	8.48
30	7.87	O	8.01	O	8.46	O	10.14	O	7.96	O	7.36	O	6.43	O	5.37	O	7.70
Moyen	3.93		3.53		4.08		4.47		5.43		5.41		4.36		3.99		4.39

¹ L'appareil n'a pas fonctionné pendant ces deux jours et demi.

Vitesse moyenne et Direction du vent.

DATÉS	22 h 40' à 1 h 40'		1 h 40' à 4 h 40'		4 h 40' à 7 h 40'		7 h 40' à 10 h 40'		10 h 40' à 13 h 40'		13 h 40' à 16 h 40'		16 h 40' à 19 h 40'		19 h 40' à 22 h 40'		Par seconde et par jour.
	m		m		m		m		m		m		m		m		m
1	6.38	O	4 63	S O	5 32	O	6.41	O	6.99	O	7.87	O	5.18	O	3.10	O	5.70
2	2.18	O	2.87	O	3.70	O	3.84	N O	4.72	N O	6.29	N O	6.44	N O	4.58	N O	4.33
3	4.81	S O	5.65	O	6.15	N O	6.06	O	5.93	O	6.48	O	5.46	O	3.29	O	5.48
4	2.55	O	1.66	O	1.76	O	1.67	N O	3.47	E	3.80	S E	1.34	E	0.60	E	2.11
5	0.74	N	1.39	N	0.64	O	1.44	O	1.53	N O	1.30	O	0.83	O	1.44	O	1.16
6	1.90	S O	1.71	O	1.81	O	2.27	N O	1.48	N O	1.85	S	1.58	S	0.88	S	1.68
7	0.42	S	0.60	S	0.83	O	0.46	O	0.83	O	0.88	O	1.76	O	1.67	N O	0.93
8	1.67	N O	3.06	N O	3 28	N O	3.98	N O	5.02	O	4.72	O	4.07	O	4.26	O	3.76
9	3.10	O	2 27	O	3.06	N O	6.80	N	8.33	O	9.35	O	7.50	O	7.82	O	6.03
10	7.31	N O	6.43	N O	6.52	N O	6.20	N O	5.78	N O	7.08	N	5.09	O	4.17	O	6.07
11	3.38	O	3.56	O	4.21	N O	5.14	N O	7.22	N O	6.45	O	5.65	O	5.04	O	5.08
12	4.82	O	3.70	O	1.90	O	3.29	N O	4.03	O	1.57	O	1.67	O	1.16	S	2.77
13	1.20	N O	0 60	N O	0.51	S	0.65	S	1.81	S E	1.48	S	1.25	S	1.02	S	1.06
14	0.32	S	0.54	S	0.78	S	1.48	E	4.17	E	3.61	E	2.27	E	1.99	E	1.89
15	1.39	E	0.78	E	0.92	E	2.27	E	4.03	E	5.05	E	2.73	E	0.78	S E	2.24
16	1.06	E	0.78	E	1.53	E	3.29	E	2.27	E	3.61	E	1.20	E	0.74	E	1.81
17	1.25	E	0.92	S E	0.59	E	1.81	E	2.96	E	3.05	E	2.32	N	1.62	E	1.81
18	0.83	E	1.11	E	0.46	E	1.06	E	2.87	E	4.77	E	4.44	S	1.99	E	2.19
19	0 93	N O	0.88	N O	0.79	E	2.22	E	3.84	S	5.23	E	2.04	N	1.48	N O	2.18
20	0.65	S O	1.02	S O	1.16	N	1.85	N E	3.05	E	3.56	E	3.75	E	2.82	S E	2.23
21	2.82	O	1.62	O	1.11	S	1.34	S O	1.62	N O	2.04	O	3.89	N O	3.06	O	2.19
22	3.06	S O	2.59	O	2.17	O	2.22	O	2.87	E	2.17	S	1.44	O	1.25	O	2.22
23	0.88	O	0.97	O	1.11	O	2 08	E	1.90	E	1.20	E	0.51	E	1.67	O	1.29
24	1.11	O	2 13	O	4.03	O	3.47	S O	4.77	N O	4.26	N O	4.77	N O	4.91	O	3.68
25	6.34	O	6.94	S O	7.87	N O	7.64	N O	6.75	O	5.28	O	3.89	O	2.87	O	5.95
26	2.36	S O	3.66	O	4.07	N O	5 60	N	6.20	O	6.34	N O	6.06	O	5.37	O	4.96
27	5.65	S O	5 05	O	6.06	O	6 80	O	7.22	O	7.87	O	7.82	O	7.26	O	6.73
28	6.38	O	5.97	O	6.66	N O	7.12	N O	6.71	O	7.13	O	6.89	O	5.97	O	6.60
29	5.83	O	4.44	O	5 04	N O	5.78	N O	5.79	O	5.32	N O	4.03	N O	3.56	O	4.97
30	2.96	S O	3.80	O	4 26	N O	4.45	N O	4.82	N O	5.88	N O	4.17	O	4.03	N O	4.30
31	2.87	O	3.24	O	3.56	N O	4.81	N O	4.86	N O	4.68	O	4.54	N O	3.52	O	4.01
Moyen.	2.81		2.73		2.96		3.65		4.32		4.52		3.70		3.03		3.47

JUIN 1872.   Vitesse moyenne et Direction du vent.   JUIN 1872.

PAR SECONDE ET PAR PÉRIODES DE TROIS HEURES.

DATES	22 h 40' à 1 h 40'		1 h 40' à 4 h 40'		4 h 40' à 7 h 40'		7 h 40' à 10 h 40'		10 h 40' à 13 h 40'		13 h 40' à 16 h 40'		16 h 40' à 19 h 40'		19 h 40' à 22 h 40'		Par seconde et par jour.
	m		m		m		m		m		m		m		m		m
1	4.63	N O	5.18	O	5.32	N O	6.80	N O	6.99	N O	5.97	O	4.40	N O	4.35	O	5.45
2	4.40	O	4.68	O	6.02	N O	6.62	O	6.06	O	5.09	O	3.10	O	1.80	O	4.72
3	0.60	O	3.15	O	4.58	O	6.80	O	7.91	O	7.87	O	6.20	O	4.54	O	5.21
4	8.48	O	5.46	O	5.74	O	7.82	O	7.27	O	6.95	O	6.57	O	6.76	O	6.54
5	6.80	N O	6.01	N O	6.16	O	8.24	O	7.73	O	7.73	O	5.55	O	3.98	O	6.52
6	2.92	O	1.67	O	2.18	N O	2.45	O	2.50	O	4.31	E	2.59	E	0.97	S	2.45
7	0.60	E	1.11	E	1.67	O	1.57	O	1.48	E	1.30	E	1.95	E	1.30	E	1.37
8	0.88	E	1.25	E	1.02	N E	2.82	N E	4.03	E	3.89	S E	3.05	E	1.99	E	2.37
9	0.69	E	0.41	E	0.69	E	1.90	E	2.31	E	2.41	E	0.92	E	0.97	E	1.29
10	3.93	N E	4.91	S O	4.40	O	5.05	O	6.29	O	6.90	N O	6.43	N O	6.76	N O	5.58
11	6.25	O	6.62	O	5.69	O	5.18	O	6.25	O	5.51	O	4.72	O	5.19	O	5.68
12	5.51	O	4.77	O	5.74	N O	7.96	N O	4.95	O	3.52	O	3.19	N O	1.67	E	4.06
13	0.92	E	1.90	O	1.53	O	1.94	E	2.55	E	1.67	E	1.77	O	1.02	O	1.66
14	0.92	N E	0.69	N E	0.69	S E	1.16	S E	2.32	S E	3.29	E	1.90	E	1.11	E	1.51
15	0.97	N E	0.69	N E	0.69	E	1.48	E	2.82	E	2.64	E	1.67	N E	0.65	E	1.45
16	0.42	E	0.55	E	0.46	E	1.02	E	2.08	E	2.40	E	1.02	S	1.86	N	1.23
17	1.62	N	2.18	N	2.27	N O	2.78	N E	2.13	O	3.06	E	1.66	S	1.99	O	2.21
18	2.04	O	1.81	O	1.66	S O	2.41	E	2.59	N E	2.27	E	1.16	E	1.34	E	1.91
19	1.62	E	1.02	E	1.02	E	1.30	E	2.08	E	2.08	E	2.78	N O	2.92	N O	1.85
20	2.27	N O	2.36	O	2.41	S E	3.01	O	4.68	O	3.75	O	3.94	O	5.18	O	3.45
21	3.84	N O	3.84	N O	4.17	N O	4.44	N O	4.12	N O	4.49	N O	3.52	O	2.64	N O	3.88
22	2.50	N O	2.45	O	2.22	O	1.39	E	2.59	E	3.01	E	1.34	E	0.60	E	2.01
23	1.11	N	0.88	N	1.20	N	2.64	E	2.68	E	1.95	E	1.53	E	0.51	E	1.56
24	1.25	N	1.20	N	1.25	S	1.99	E	1.67	N E	1.95	E	1.76	E	1.39	E	1.56
25	1.81	E	1.02	E	0.83	N	2.13	N	2.27	E	1.99	S E	1.48	S	2.55	O	1.76
26	2.59	S O	4.17	O	5.18	N O	5 23	O	5.32	O	5.15	O	4.08	O	3.52	O	4.40
27	2.87	O	1.69	O	3.19	O	3 66	N O	9.82	E	2.55	O	2.73	N O	2.45	N O	2.74
28	0.65	O	1.34	O	1.25	O	1 06	S E	2.31	S	2.64	O	1.15	E	1.16	E	1.44
29	2.04	N E	0.97	N E	1.62	E	1.71	E	1.90	E	1 76	O	2.04	O	3.19	S	1.90
30	3.94	O	2.45	O	2.27	N O	3.24	N O	3.29	N O	1.48	O	1.30	E	1.76	E	2.47
Moyen.	2.57		2.54		2.77		3.53		3.80		3.63		2.85		2.54		3.03

 Vitesse moyenne et   Direction du vent.

PAR SECONDE ET PAR PÉRIODES DE TROIS HEURES.

DATES	22 h 40' à 1 h 40'		1 h 40' à 4 h 40'		4 h 40' à 7 h 40'		7 h 40' à 10 h 40'		10 h 40' à 13 h 40'		13 h 40' à 16 h 40'		16 h 40' à 19 h 40'		19 h 40' à 22 h 40'		Par seconde et par jour.
	m		m		m		m		m		m		m		m		m
1	1.72	O	2.13	O	3.10	E	4.31	N O	4.58	O	3.70	N O	3.24	N O	3.94	N O	3.34
2	2.87	S O	2.27	O	2.18	E	4.86	N O	5.18	O	4.82	O	4.84	O	4.17	N O	3.90
3	4.91	O	4.21	N O	4.63	O	5.09	N O	5.74	O	6.71	N O	5.00	O	2.78	O	4.88
4	1.62	O	1 53	O	2.92	N O	4.91	N O	5.41	N O	5.37	N	4.07	N O	2.36	N O	3.52
5	2.08	O	0.88	O	1.30	O	2.27	E	2.59	E	2.08	E	1.71	E	0.78	S E	1.71
6	0.74	E	1.06	E	1.11	N O	2.27	N E	2.55	E	2.27	E	1.81	E	1.62	E	1.68
7	1.06	N	0.74	N	0.83	O	1.90	E	3.19	E	4.17	N E	2.50	E	2.50	N O	2 11
8	1.06	S O	2.96	S O	3.52	N O	5.55	O	6.43	O	5 41	O	3.89	N O	1.06	N O	3 73
9	1.76	O	1.71	O	1.48	S O	1.99	O	2.13	O	3 15	N O	2.41	E	3.15	N O	2.22
10	1.62	O	1.39	O	1.57	O	1.71	O	2.13	E	3.49	E	2.73	E	1.02	E	1.96
11	1.48	E	0.69	E	1.76	E	1.81	E	2.64	E	1.99	E	1.71	N O	1.81	E	1.74
12	1.11	E	1.02	E	0.60	O	1.90	N E	2.87	E	1.48	E	1.06	S	1.11	O	1.39
13	1.39	O	1.20	O	1.71	O	2.45	N O	2 64	N O	2.64	O	2.96	O	3.05	O	2.26
14	3.33	O	2.31	O	1.34	N	2.91	N O	3.01	N O	3.75	O	3.57	O	2.32	O	2 82
15	2.36	O	2.27	O	3.43	N	4.35	N O	4.21	N E	3.05	E	2.18	N O	2.68	N O	3.07
16	2.08	S O	1.02	O	2.04	N O	3.24	O	3.89	N O	3.33	O	2.18	N O	1.43	N O	2.40
17	0.79	O	1.48	O	1.11	O	1.94	E	2.78	E	1.44	E	1.71	E	1.99	N O	1.66
18	0.93	O	0.97	O	1.16	O	3.15	O	3.70	O	2.68	O	2.45	O	2.36	N O	2.17
19	1.71	O	1.71	N O	1.76	O	2.55	O	1.71	O	2.90	S	2.13	S	1.39	S	1.99
20	1.62	E	1.06	E	0.83	O	2.32	N E	2.22	E	1.99	E	1.39	S	1.11	S	1.57
21	0.88	S	0.60	S	0.90	E	1.85	E	2.18	E	2.45	E	2.03	E	1.48	E	1.55
22	1.16	N	0.88	N	0.69	N E	2.22	E	5.09	E	3.80	E	2.45	E	1.81	E	2.26
23	0.88	N O	0.51	N O	0.79	E	2.08	E	2.78	E	2.27	S E	3.29	E	0.65	E	1.66
24	0.69	N O	1.01	N O	1 25	E	2.59	E	6.20	S E	5.37	S E	4.68	S	3.56	S	3.17
25	3.89	E	3.93	E	3.66	S	5.04	S	7.59	S	5.46	E	3.75	N E	1.62	S E	4.37
26	3.24	E	4.58	E	4.21	E	6.29	S E	8.38	S	7.96	E	6.29	S	4.03	S	5.62
27	2.18	N O	0.92	N O	0 65	E	3.61	E	5.69	E	5.60	S	3.38	E	1.76	E	2.97
28	0.41	N O	0.46	N O	1.44	E	1.62	E	1.95	E	2.64	E	2.36	E	1.99	E	1.61
29	1.02	N	1.39	N	2.08	S	1.90	E	1.67	E	3.84	S	2.45	E	0.88	E	1.90
30	0.79	N O	0.97	N O	1.44	N O	1.44	O	1.67	E	1.25	N O	1 76	S O	1.44	O	1.34
31	1.48	S O	1.34	S O	2.82	N O	1.99	N O	0.97	S	1.67	O	1.25	S O	2.89	O	1.80
Moyen.	1.71		1.59		1.88		2.97		3.67		3.51		2.81		2.09		2.53

    Vitesse moyenne et Direction du vent.   AOUT 1872.

DATES	22 h 40' à 1 h 40'		1 h 40' à 4 h 40'		4 h 40' à 7 h 40'		7 h 40' à 10 h 40'		10 h 40' à 13 h 40'		13 h 40' à 16 h 40'		16 h 40' à 19 h 40'		19 h 40' à 22 h 40'		Par seconde et par jour.
	m		m		m		m		m		m		m		m		m
1	1.53	S O	1.95	S O	2.59	S	3.06	S O	3.89	O	4.21	N O	5.09	O	6.62	N O	3.62
2	5.88	O	3.47	O	0.78	O	1.25	O	1.81	S O	1.62	S	0.74	S	1.48	O	2.13
3	1.85	O	1.11	S O	1.99	N	1.99	N E	5.60	N O	6.89	N O	6.29	N O	5.65	N O	3.92
4	4.82	O	2.92	N O	1.07	O	1.25	N E	1.68	N O	2.44	N	1.80	N E	0.97	S O	2.18
5	1.11	N O	1.71	N O	1.58	O	0.88	E	1.81	E	2.13	N E	1.39	E	1.20	E	1.48
6	0.92	N E	0.97	N E	0.97	E	1.62	E	3.38	E	2.55	E	1.25	E	1.34	N E	1.63
7	1.16	N	5.51	S E	2.73	N E	1.90	O	2.92	E	4.31	N O	2.08	O	2.13	O	2.84
8	0.88	O	2.27	O	5.46	N O	6.34	N O	7.40	O	7.40	O	6.62	O	7.50	O	5.48
9	5.50	O	3.50	O	2.25	O	1.00	N O	1.67	N	3.47	O	3.56	O	2.08	N	2.88
10	0.83	N O	1 48	N O	1.67	O	0.92	E	2.96	S	3.38	S	1.48	E	1.16	E	1.74
11	1.85	E	1.48	E	0.88	O	1.30	E	1.62	E	1.44	S	1.99	O	2.41	S	1.62
12	1.30	S E	1.06	S E	1.20	S O	1.57	E	2.32	E	2.22	S E	1.90	E	1.34	N E	1.61
13	1.11	E	0.65	E	1.20	E	1.48	E	1.39	N E	1.76	E	1.30	S E	1.30	S E	1 27
14	0.88	E	0.88	E	1.20	E	1.39	E	2.22	E	1.67	E	1.16	S	1.53	S O	1 37
15	0.93	S O	1.48	S O	0.97	O	1.25	N E	2.08	N E	1.02	E	1.85	E	2.27	N E	1.48
16	1.76	O	1.25	O	1.34	O	1.44	E	1.67	N	1.62	S O	1.48	N	1.44	E	1.50
17	0.97	E	0.97	E	1.16	N E	1.34	N E	2.08	E	1.76	E	1.25	S	1.48	S E	1.38
18	1.95	N E	0.73	N E	0.78	O	1.48	E	2.16	S E	2.27	S	0.97	S E	0.97	S E	1.41
19	1.16	E	1.02	E	0.69	S	1.44	E	2.22	E	1.81	N E	0.83	E	0.32	N	1.19
20	1.11	E	2.18	E	2.50	O	2.59	O	3.38	O	3.52	O	2.78	N O	2.68	N O	2.59
21	2.36	O	1.57	O	1.16	O	2.53	O	2.04	O	1.44	O	3.05	O	3.01	O	2.14
22	2.36	O	2.45	O	2.22	S O	2.73	S O	2.92	N O	2.87	N O	3.80	N O	4.21	N O	2.94
23	3.93	O	4.44	O	4.81	N O	6.34	N O	7.22	O	6.15	O	4.21	N O	4.17	N O	5.16
24	4.68	O	5.37	O	6.52	N O	6.71	N O	6.66	N O	6.15	N O	4.95	N O	3.79	N O	5.60
25	3.24	O	3.01	S O	2.18	O	2.59	N O	2.87	N E	2.68	E	1.34	S E	1.99	S E	2.49
26	1.90	E	0.93	E	0.97	O	1.20	N E	1.85	E	1.85	E	1.16	S	1.16	S O	1.38
27	0.10	E	2.06	O	3.47	N O	4.07	N O	4.58	O	3.80	O	3.93	O	4.54	N O	3.83
28	5.18	O	4.58	O	5.28	O	6.38	O	6.94	N E	7.13	N	4.54	N E	3.01	N E	5.38
29	2.69	O	2.50	O	2.31	N O	2.08	O	2.13	E	2.45	S E	1.43	E	1.39	E	2.12
30	1.90	E	1.11	E	0.60	O	1.81	E	2.22	E	1.81	E	1.02	S E	0.46	N	1.37
31	0.69	N O	0.97	N O	1.30	O	3.70	N O	4.07	O	3.75	S O	2.50	S	2.82	O	2.47
Moyen.	2.25		2.14		2.08		2.44		3.15		3.14		2.51		2.46		2.52

SEPTEMBRE 1872.   Vitesse moyenne et   Direction du vent.   SEPTEMBRE 1872.

PAR SECONDE ET PAR PÉRIODES DE TROIS HEURES.

DATES	22 h 40' à 1 h 40'		1 h 40' à 4 h 40'		4 h 40' à 7 h 40'		7 h 40' à 10 h 40'		10 h 40' à 13 h 40'		13 h 40' à 16 h 40'		16 h 40' à 19 h 40'		19 h 40' à 22 h 40'		Par seconde et par jour
	m		m		m		m		m		m		m		m		m
1	2.18	O	1.67	O	1.25	O	1.81	E	1.67	E	2.78	E	2.18	N	1.53	N	1.88
2	1.20	N E	1.25	N E	1.30	O	1.02	E	4.17	S E	5.37	S	4.40	S	2.04	S E	2.59
3	1.06	E	0.69	E	1.76	S E	3.89	S	5.65	S	4.03	E	3.15	E	2.55	E	2.85
4	1.29	E	3.38	E	3.01	N E	4.69	S	4.78	S	5.51	S E	6.85	S	5.00	E	4.31
5	4.26	E	3.01	E	2.87	E	4.63	E	7.64	S	5.60	E	3.89	E	3.05	E	4.37
6	2.59	E	3.75	E	4.95	E	6.89	E	7.27	S	5.64	E	3.24	S	2.18	S	4.56
7	0.83	E	1.02	E	3.01	S E	2.18	S	1.16	E	1.67	O	0.74	O	1.34	O	1.49
8	1.20	S O	0.69	S O	1.20	O	0.92	O	1.11	O	1.62	S	0.60	S	1.16	S	1.06
9	1.58	E	1.76	E	1.44	S	0.79	S	1.75	S	1.76	E	0.83	E	1.48	E	1.42
10	1.34	E	1.30	E	1.25	O	2.82	O	2.82	N O	3.01	N O	3.33	N O	3.15	N O	2.38
11	3.28	O	0.97	N O	1.67	O	3.57	O	2.87	O	2.41	N	1.44	O	1.67	N O	2.23
12	1.67	O	2.04	O	1.90	O	1.57	N E	2.22	N	2.04	N E	0.74	E	0.51	E	1.59
13	0.88	E	0.65	E	0.60	O	1.20	E	1.58	E	1.62	E	0.88	E	1.81	E	1.15
14	1.85	N	1.90	N	1.57	O	3.24	N	4.12	O	4.03	O	3.24	N O	3.52	N O	2.93
15	4.12	O	3.43	S O	4.95	N O	5.92	N O	4.77	N O	4.95	O	2.78	N O	3.05	O	4.25
16	2.96	O	2.50	S O	2.36	O	2.45	N O	1.72	O	1.71	O	1.25	O	1.48	O	2.05
17	1.81	S O	0.60	S O	1.34	O	0.83	O	2.27	N O	2.82	S	0.97	S	1.34	S	1.50
18	1.48	S	1.30	S	0.69	S	1.16	S	1.48	S E	1.71	E	0.69	E	0.69	O	1.15
19	1.05	O	1.16	O	0.88	O	1.25	O	2.73	O	3.15	O	2.68	O	3.06	O	1.99
20	3.10	S O	1.81	S O	1.11	N O	1.71	O	1.99	O	4.40	O	4.86	O	4.77	O	2.97
21	6.89	O	3.61	S O	2.96	O	4.31	O	5.42	O	2.41	O	0.67	E	0.28	E	3.32
22	0.55	O	1.34	O	1.06	O	1.39	O	2.45	E	2.45	E	1.20	S	0.47	O	1.36
23	0.79	O	0.60	O	1.11	E	1.48	E	2.13	S	1.76	S	1.62	O	1.95	O	1.43
24	2.17	O	1.43	O	0.83	O	1.44	O	1.11	E	1.85	S	1.62	S	1.02	S	1.43
25	4.71	O	1.53	O	0.83	O	1.25	O	3.15	O	5.18	O	3.06	O	2.92	O	2.45
26	2.36	N O	1.71	O	1.81	O	3.01	O	4.91	O	4.72	O	3.93	O	1.43	O	3.06
27	0.69	O	0.41	O	1.44	O	1.11	O	1.71	O	2.23	O	0.97	O	1.58	O	1.27
28	1.90	O	1.95	O	0.74	S	1.11	S	1.90	E	1.58	S	0.60	E	1.72	O	1.44
29	0.74	N	0.28	N	0.83	O	0.88	O	2.04	O	1.71	E	0.60	N	0.18	O	0.91
30	0.46	N	0.37	N	0.68	O	2.22	O	2.78	O	2.64	O	1.71	S	1.20	O	1.51
Moyen.	1.93		1.60		1.71		2.38		3.05		3.08		2.16		1.94		2.23

Vitesse moyenne et Direction du vent. — PAR SECONDE ET PAR PÉRIODES DE TROIS HEURES.

DATES	22 h 40' à 1 h 40'		1 h 40' à 4 h 40'		4 h 40' à 7 h 40'		7 h 40' à 10 h 40'		10 h 40' à 13 h 40'		13 h 40' à 16 h 40'		16 h 40' à 19 h 40'		19 h 40' à 22 h 40'		Par seconde et par jour.
	m		m		m		m		m		m		m		m		m
1	1.30	O	1.62	O	2.05	O	1.76	O	2.89	E	2.50	E	0.60	E	0.65	O	1.66
2	0.79	N O	1.11	N O	0.51	S	5.00	S	8.47	S	7.08	S	4.81	O	4.54	O	4.04
3	8.38	S E	6.80	S E	7.13	S	10.37	S	9.63	S	5.79	S	2.41	O	2.64	O	6.64
4	2.50	O	2.04	O	2.36	O	2.19	O	2.45	O	4.03	O	5.78	O	3.94	O	3.15
5	2.59	S O	1.53	S O	1.20	O	2.04	O	1.95	E	2.22	N	3.05	O	2.79	O	2.17
6	3.15	O	3.47	S O	4.07	O	4.77	O	5.05	O	3.43	N	1.62	O	1.84	O	3.42
7	2.36	O	3.15	O	3.19	O	2.36	O	3.38	O	3.06	O	1.95	O	1.16	O	2.58
8	0.88	O	1.20	O	1.34	O	1.85	O	1.99	O	0.83	O	1.16	O	2.04	O	1.41
9	2.36	S O	2.18	O	3.94	O	3.70	N O	4.40	O	2.82	N O	3.38	O	4.21	O	3.37
10	4.58	O	3.42	O	3.76	O	7.73	N	7.68	O	4.49	O	3.84	N	0.69	O	4.52
11	0.60	N O	0.78	N O	1.39	O	0.55	O	1.16	E	1.99	O	2.18	O	0.55	O	1.15
12	0.18	N O	0.54	N O	0.60	O	1.67	O	2.08	N	0.88	O	1.81	S	1.11	O	1.11
13	0.55	O	0.97	O	1.58	O	1.11	O	2.08	O	2.50	N O	1.94	O	1.90	O	1.58
14	1.62	S O	1.67	S O	1.95	O	3.24	O	2.57	O	3.10	S E	0.05	E	1.02	O	1.90
15	0.87	O	0.60	O	0.09	O	4.07	N O	4.12	O	2.64	S E	0.46	N	0.32	S	1.65
16	1.02	N O	0.97	N O	0.83	O	0.32	O	0.37	O	0.28	E	0.37	E	1.93	O	0.76
17	6.85	S E	7.17	S E	7.08	E	6.39	S E	7.73	S	6.20	S	6.71	S	5.74	S	6.73
18	3.15	S E	6.94	S E	5.88	S	5.28	S	3.61	E	2.45	E	1.07	E	0.83	E	3.73
19	0.74	N E	2.73	E	1.34	S	5.92	E	5.55	E	2.27	S	2.22	S E	1.48	S	2.78
20	1.20	E	0.79	E	0.65	O	1.02	O	1.53	E	1.90	E	0.65	E	0.88	E	1.08
21	0.83	N E	0.97	N E	0.32	E	0.83	O	2.55	E	4.44	M	1.44	O	0.70	O	1.59
22	1.02	S	0.83	S	0.74	O	0.92	O	2.64	O	2.50	O	1.44	O	1.53	O	1.45
23	1.06	O	1.02	O	1.57	O	1.48	O	2.27	O	3.93	O	5.00	O	4.49	O	2.50
24	2.27	S O	1.44	S O	1.34	O	2.36	O	2.27	N	1.53	N	0.69	N	0.65	N	1.57
25	0.18	O	0.46	O	0.46	O	0.05	O	0.46	E	0.37	E	1.99	N O	0.83	S	0.60
26	0.23	N O	0.55	N O	0.37	N O	0.00	N O	0.88	S E	0.68	E	0.37	E	0.74	E	0.48
27	1.34	N O	0.09	N O	0.83	O	0.65	N O	1.30	E	1.39	E	0.51	E	0.32	E	0.88
28	5.18	S E	6.02	S	8.56	S	4.03	O	3.40	O	8.47	O	8.75	N O	8.19	N O	6.58
29	6.80	O	6.43	O	3.61	E	4.07	O	5.83	N O	5.60	O	5.46	O	4.63	O	5.30
30	6.02	N O	4.31	N O	3.38	S	2.27	N O	2.36	O	1.57	O	0.60	O	0.74	S O	2.66
31	0.55	O	1.92	O	1.20	O	1.25	O	1.02	O	0.97	E	0.05	E	1.67	S	1.08
Moyen.	2.29		2.40		2.36		2.88		3.34		2.96		2.35		2.09		2.58

DATES	PAR SECONDE ET PAR PÉRIODES DE TROIS HEURES.																Par seconde et par jour.
	22 h 40' à 1 h 40'		1 h 40' à 4 h 40'		4 h 40' à 7 h 40'		7 h 40' à 10 h 40'		10 h 40' à 13 h 40'		13 h 40' à 16 h 40'		16 h 40' à 19 h 40'		19 h 40' à 22 h 40'		
	m		m		m		m		m		m		m		m		m
1	1.53	O	0.23	O	0.28	O	0.51	S O	1.58	E	0.51	E	0.23	E	0.51	N	0.67
2	0.65	N	1.11	N	1.11	O	0.32	N O	0.14	N O	0.23	N O	0.37	E N	0.42	N	0.54
3	1.71	N	2.78	O	3.75	O	3.98	N O	5.00	N O	4.07	N O	0.60	E	1.76	N O	2.96
4	0.93	O	1.16	O	1.06	S O	1.34	S O	1.06	S O	0.64	S	0.97	S	1.11	O	1.03
5	1.30	O	0.92	O	0.92	O	0.28	O	0.09	S O	0.05	O	0.09	O	0.55	O	0.52
6	0.37	O	1.94	N O	0.42	O	2.31	E	4.58	N O	3.57	N O	2.87	N O	4.33	N O	2.55
7	4.44	O	4.68	N O	5.60	E	5.18	N O	5.97	O	5.37	O	3.57	O	3.33	N O	4.77
8	3.15	O	2.68	O	0.79	O	1.43	N O	1.48	N	1.34	N	0.83	O	0.41	N O	1.54
9	0.37	N O	1.02	N O	0.88	O	0.60	O	0.55	E	0.88	E	0.05	E	0.74	S E	0.64
10	3.24	O	2.68	O	2.82	N O	1.90	N O	4.03	N O	7.59	N O	9.30	O	5.69	O	4.66
11	7.68	N O	3.98	O	5.28	O	6.71	N O	4.49	N O	5.66	N O	5.18	N O	4.63	N O	5.44
12	2.59	O	5.55	O	6.39	N O	5.14	N O	7.03	O	5.09	N O	2.50	N O	2.69	N O	4.62
13	3.19	O	2.27	O	1.16	N O	3.89	N O	5.14	N O	4.95	O	1.90	O	0.97	N O	2.93
14	0.18	O	0.74	O	0.44	O	3.93	N O	3.38	O	1.12	N O	0.05	N O	0.00	N O	1.23
15	0.30	N O	0.15	N O	0.25	N O	0.60	N O	1.37	S O	1.25	E	3.02	O	0.05	S E	0.87
16	0.10	E	0.22	E	0.35	E	0.50	E	0.59	E	0.48	E	1.25	E	0.40	E	0.49
17	0.30	E	1.13	E	0.86	E	0.90	E	1.37	N O	1.41	N O	0.48	N O	0.49	N O	0.87
18	0.92	O	1.09	O	0.85	N O	0.67	N	0.51	N O	0.14	N O	1.41	N O	0.71	N O	0.79
19	0.97	O	0.66	O	0.71	N O	0.39	N O	0.46	N O	0.42	N O	0.14	N O	1.04	N O	0.60
20	0.83	O	0.79	O	0.48	N O	0.65	O	0.74	O	5.08	S E	0.44	E	0.56	S E	1.20
21	0.81	S E	0.80	S E	0.60	S	1.30	S	3.90	S E	3.14	S E	5.08	S E	0.52	S	2.02
22	4.50	S E	5.18	S E	5.03	S	8.83	S O	7.30	O	4.68	S	2.78	S	4.95	S	5.41
23	7.31	S E	8.52	S E	5.92	S	8.19	S	8.19	S	6.39	S O	3.80	S	0.55	S	6.11
24	0.09	S	0.14	S	0.37	S	0.69	S O	2.08	O	0.79	O	0.28	S O	0.14	S O	0.57
25	1.30	O	1.20	O	1.44	O	0.69	O	2.22	S E	1.81	E	1.02	E	1.06	E	1.34
26	1.39	E	1.44	E	1.30	E	0.46	S E	0.37	E	0.14	E	0.19	E	0.60	E	0.74
27	0.28	E	0.69	E	1.44	E	0.46	E	0.92	E	0.93	E	0.60	E	0.37	S E	0.71
28	0.60	S E	0.79	S E	1.62	S E	1.62	S E	1.53	N O	1.67	N O	4.44	O	4.49	N O	2.09
29	3.33	O	1.39	O	1.07	N O	1.71	N O	0.74	S	1.02	S	0.65	S	0.51	S	1.30
30	1.34	S	0.28	S	0.14	S	0.65	S	5.79	S	9.17	S	7.22	S	9.77	S	4.29
Moyen.	1.86		1.87		1.78		2.19		2.75		2.65		2.04		1.78		2.12

PAR SECONDE ET PAR PÉRIODES DE 3 HEURES.

DATES	22h 40' à 1h 40'		1h 40' à 4h 40'		4h 40' à 7h 40'		7h 40' à 10h 40'		10h 40' à 13h 40'		13h 40' à 16h 40'		16h 40' à 19h 40'		19h 40' à 22h 40'		Par seconde et par jour.
	m		m		m		m		m		m		m		m		m
1	5.37	S E	0.88	S E	0.92	N	0.23	N	1.06	S	9.35	S	7.36	S	4.31	S	3.68
2	1.58	S E	1.48	N	3.19	S	5.14	N	8.19	S	7.59	S E	3.52	S O	6.34	S	4.63
3	6.94	S E	2.18	S	0.37	S E	0.79	O	1.48	S E	0.57	E	2.22	S O	1.07	O	1.99
4	2.50	O	2.82	S O	4.12	O	6.94	N	7.34	N O	5.46	N O	4.26	N O	4.35	O	4.72
5	3.52	O	3.56	O	3.56	N O	5.46	N O	6.11	N O	5.83	N O	4.16	N	1.80	N O	4.25
6	1.67	N O	1.71	N O	1.99	O	0.55	O	0.23	N O	0.00	S O	0.32	S O	0.69	S O	0.89
7	0.69	O	1.20	O	0.83	S O	1.48	S O	4.58	O	6.99	N O	5.23	N O	6.62	N O	3.45
8	2.96	S O	1.82	S O	1.53	S O	1.53	O	1.94	S E	3.06	S E	0.69	S E	1.39	S E	1.86
9	1.02	E	0.65	E	2.78	O	1.99	O	5.69	O	6.25	N O	1.99	S O	2.78	S O	2.89
10	1.81	S O	1.99	S O	1.99	O	0.65	O	5.09	S	7.17	S O	6.76	S O	6.43	S O	3.99
11	2.08	O	2.27	O	3.52	O	3.33	N O	5.97	N O	5.74	N O	3.29	N O	3.80	S O	3.75
12	3.98	O	3.60	N O	3.80	N O	5.55	N O	5.97	N O	6.02	N O	6.25	N O	6.02	N O	5.15
13	5.83	O	4.86	O	6.34	N O	7.73	N O	8.55	N O	3.03	O	4.26	O	2.34	O	5.12
14	1.74	O	1.09	O	1.83	O	1.28	O	1.47	E	1.47	E	1.60	E	1.83	O	1.54
15	1.62	O	0.46	O	0.42	O	0.83	N O	4.58	O	6.34	N O	6.66	N O	3.66	O	3.07
16	3.84	O	5.27	O	3.71	O	7.56	O	8.16	O	4.44	O	4.74	N O	3.56	O	5.16
17	2.45	S O	1.90	S O	4.17	N O	4.67	O	6.52	O	5.14	O	5.88	O	5.09	O	4.48
18	5.88	O	3.66	O	4.21	O	6.06	N O	6.99	N O	6.53	N O	4.86	O	3.10	O	5.16
19	3.10	O	0.88	N O	1.20	S O	1.02	O	4.81	O	5.37	O	4.91	O	5.37	O	3.33
20	2.78	O	0.97	O	1.53	O	0.79	S O	1.16	S E	0.37	E	0.32	E	1.34	E	1.16
21	1.58	E	1.34	E	0.83	E	0.97	E	0.88	E	0.18	E	0.74	E	0.14	E	0.83
22	1.34	E	1.57	E	1.48	E	0.51	E	0.46	E	0.14	E	0.23	E	1.23	E	0.87
23	0.00	E	0.23	E	0.60	E	0.28	E	0.74	E	2.78	S E	3.61	S	2.59	S	1.35
24	1.99	E	0.74	E	1.34	S	4.72	S	5.04	S E	4.80	S	4.03	S	5.51	S	3.53
25	3.52	E	3.93	S E	4.12	S	6.62	S	6.80	S	8.98	S E	5.92	E	4.12	E	5.50
26	3.75	E	5.23	S E	4.35	S	2.36	S	0.97	S	0.93	S	0.74	N O	0.74	N O	2.38
27	0.37	S E	0.05	S E	0.05	S O	1.90	O	0.93	S E	2.41	S	2.96	S E	3.75	S E	1.55
28	3.33	E	3.94	E	5.28	S	8.38	S	8.19	S	5.51	S	2.92	S	5.02	S	5.36
29	0.97	S E	3.79	S E	4.76	S	4.35	S	4.95	S	4.30	S	3.38	S	1.75	S	3.53
30	0.08	S E	0.05	S E	0.37	S	0.35	O	0.55	S	1.30	S	0.69	S E	1.76	S	0.64
31	4.26	S E	5.60	S E	3.33	S	1.90	S	6.34	S	7.92	S	6.20	S	3.38	S	4.88
Moyen.	2.66		2.25		2.53		3.10		4.18		4.39				3.30		3.25

RÉSUMÉ DES OBSERVATIONS ANÉMOMÉTRIQUES FAITES EN 1872.

| MOIS DE L'ANNÉE. | VITESSE MOYENNE | | | | | | | | |
| | PAR PÉRIODES TRI-HORAIRES. | | | | | | | | Par seconde et par jour. |
	De 22 h 40' à 1 h 40'	De 1 h 40' à 4 h 40'	De 4 h 40' à 7 h 40'	De 7 h 40' à 10 h 40'	De 10 h 40' à 13 h 40'	De 13 h 40' à 16 h 40'	De 16 h 40' à 19 h 40'	De 19 h 40' à 22 h 40'	
	m	m	m	m	m	m	m	m	m
Janvier..............	2.25	2.46	2.47	2.41	3.07	2.85	2.01	2.20	2.47
Février.............	3.00	2.84	2.54	2.46	3.49	3.64	3.12	3.02	3.02
Mars...............	3.33	3.20	3.28	3.80	4.77	4.98	3.95	3.62	3.86
Avril...............	3.93	3.53	4.08	4.47	5.43	5.41	4.36	3.99	4.39
Mai................	2.81	2.73	2.96	3.65	4.32	4.52	3.70	3.03	3.47
Juin................	2.57	2.54	2.77	3.53	3.80	3.63	2.85	2.54	3.03
Juillet.............	1.71	1.59	1.88	2.97	3.67	3.51	2.81	2.09	2.53
Août...............	2.25	2.14	2.08	2.44	3.15	3.14	2.51	2.46	2.52
Septembre..........	1.93	1.60	1.71	2.38	3.05	3.08	2.16	1.94	2.23
Octobre............	2.29	2.40	2.36	2.88	3.34	2.96	2.35	2.09	2.58
Novembre..........	1.86	1.87	1.78	2.19	2.75	2.65	2.04	1.78	2.12
Décembre...........	2.66	2.25	2.53	3.10	4.18	4.39	3.57	3.30	3.25
Moyenne annuelle...	2.55	2.43	2.54	3.02	3.75	3.73	2.95	2.67	2.96

MOIS DE L'ANNÉE.	MAXIMUM DE LA VITESSE				
	PAR PÉRIODES				MAXIMUM ABSOLU.
	DIURNES.		TRI-HORAIRES.		
	m		m	m	
Janvier............	6.36	le 9	9.77	le 9 de 10h 40' à 13h 40'	12.50	le 9, de 11h 30' à 11h 50'
Février...........	6.82	le 5	11.25	le 9 de 19h 40' à 21h 40'	13.33	le 1, de 20h 10' à 20h 30'
Mars.............	7.36	le 10	10.93	le 30 de 10h 40' à 13h 40'	13.33	le 30, de 11h 30' à 11h 40'
Avril.............	9.80	le 6	11.99	le 6 de 7h 40' à 10h 40'	14.17	le 6, de 8h à 8h 10' le 22, de 11h 50' à 12h.
Mai..............	6.73	le 27	9.35	le 9 de 13h 40' à 16h 40'	11.67	le 9, de 14h à 14h 10'
Juin.............	6.54	le 4	8.24	le 5 de 7h 40' à 10h 40'	10.83	le 3, de 12h 10' à 12h 30'
Juillet...........	5.62	le 26	8.38	le 26 de 10h 40' à 13h 40'	9.17	le 26, de 13h 20' à 13h 40'
Août.............	5.60	le 24	7.50	le 8 de 19h 40' à 22h 40'	9.17	le 28, de 14h à 14h 10'
Septembre........	4.56	le 6	7.64	le 5 de 10h 40' à 13h 40'	10.00	le 5, de 14h à 14h 10'
Octobre..........	6.73	le 17	10.37	le 3 de 7h 40' à 10h 40'	11.67	le 3, de 8h 40' à 9h 40' — de 12h à 12h 40'
Novembre.........	6.11	le 23	9.77	le 3 de 19h 40' à 22h 40'	11.67	le 10 de 19h 10' à 19h 20' — de 14h 50' à 15h.
Décembre.........	5.50	le 25	9.35	le 1 de 13h 40' à 16h 40'	12.50	le 2, de 12h 40' à 12h 50' le 25, de 15h 30' à 15h 40'

DIRECTION ET FORCE DU VENT.

Lorsque nous avons décrit l'anémomètrographe électrique dont nous nous servons, nous avons dit que cet appareil enregistrait, toutes les dix minutes, la force et la direction du vent : soit 144 inscriptions par jour. Ce nombre est beaucoup trop grand pour la discussion, et la moyenne des observations faites à chaque heure parait généralement suffisante. Ce travail serait encore trop long pour le temps dont nous pouvons disposer, et nous ne nous sommes servi que des observations trihoraires, ou de la moyenne des dix-huit observations faites pendant chaque période de trois heures.

La première période commence à 10 h. 40^m du soir (22 h. 40^m) et finit à 1 h. 40^m du matin (1 h. 40 ^{m}). Le milieu tombe donc à minuit précis, c'est-à-dire au moment où une journée finit et une autre commence. Chaque jour comprend huit périodes de trois heures chacune.

Nous comptons l'année météorologique du 1er décembre au 30 novembre suivant; la journée, d'un minuit à celui qui le suit, et les heures de 0 à 24.

Notre appareil marque seulement les huit directions principales de la rose des vents. Nous avons dit que nous ne tenions compte que de la direction inscrite au milieu de chaque période : à minuit, 3, 6, 9, 12, 15, 18 et 21 heures.

DIRECTION DU VENT.

Le vent, malgré son renom de variabilité, est soumis à des lois qui règlent sa direction. Celle-ci dépend toujours de la rupture de l'équilibre thermique sur un point déterminé, et nous pouvons aujourd'hui, grâce à nos connaissances et aux correspondances télégraphiques, prévoir quelques jours à l'avance le changement de direction des courants atmosphériques.

Nous étudierons successivement la fréquence des vents aux divers mois de l'année, aux différentes saisons et aux heures critiques de la journée.

Fréquence des vents par mois et par saison. — Pour nous rendre compte de la direction des vents à chaque saison, nous avons cherché d'abord leur fréquence aux divers mois, en comptant combien de fois chaque vent avait soufflé pendant les mêmes mois aux diverses heures ; nous avons ainsi obtenu douze sommes égales au nombre de jours de chaque mois multiplié par 8, nombre des périodes diurnes, et par 3, nombre des années étudiées. Ces 12 sommes, correspondantes aux 12 mois de l'année, ont été rendues comparables entre elles en les faisant proportionnelles à 1000.

Fréquence mensuelle des vents.

(Somme = 1000)

	N.	N.-O.	O.	S.-O.	S.	S.-E.	E.	N.-E.
Décemb.	120.97	322.58	263.55	50.97	84.84	40.32	92.58	24.19
Janvier..	115.48	346.77	298.39	33.55	70.00	18.71	68.39	48.71
Février..	61.59	267.91	142.57	24.75	185.32	92.84	130.60	91.42
Mars.....	100.65	410.00	106.13	24.19	95.48	91.29	154.84	17.42
Avril.....	79.00	345.67	132.00	22.33	57.00	116.67	205.66	41.67
Mai......	52.26	228.39	189.35	32.26	52.58	67.10	334.84	43.22
Juin.....	61.00	375.00	190.33	23.67	29.00	50.00	227.67	43.33
Juillet...	60.32	334.52	154.84	24.19	52.26	39.03	255.48	79.36
Août.....	88.71	271.61	182.58	39.03	52.58	69.68	231.29	64.52
Septemb.	76.33	130.67	182.00	43.00	104.33	98.67	304.00	61.00
Octobre .	65.81	272.90	228.39	49.68	87.42	84.84	188.06	22.90
Novemb..	72.00	377.67	186.00	43.00	100.67	51.33	133.00	27.33
Année...	79.76	306.97	188.01	34.22	81.70	68.38	193.87	47.09

Fréquence des vents par saisons.
(Somme = 1000)

	N.	N.-O.	O.	S.-O.	S.	S.-E.	E.	N.-E.
Hiver....	100.35	312.42	234.84	36.42	113.39	50.62	97.19	54.77
Print....	77.30	328.02	142.49	26.26	68.36	91.69	231.78	34.10
Été......	70.01	327.01	175.92	28.96	44.61	52.90	238.15	62.40
Autom..	71.38	260.41	198.80	45.23	100.47	78.28	208.35	37.08

Avec les nombres des tableaux précédents nous avons tracé des courbes (Pl. 4, fig. 2) qui montrent la fréquence moyenne des vents pendant toute l'année et aux différentes saisons.

Ces courbes présentent deux inflexions principales, dont les sommets répondent aux vents qui viennent du Nord-Ouest et de l'Est. Une petite inflexion correspond aux vents du Sud. Si nous divisons la circonférence comprenant toutes les aires de vent en deux parties égales, du Nord au Sud, en passant d'un côté par l'Ouest et de l'autre par l'Est, nous voyons que dans la première partie de la courbe annuelle (Pl. 1, fig. 2, A) les vents du N $\left(\frac{80}{1000}\right)$ augmentent rapidement de fréquence et atteignent leur maximum au N-O $\left(\frac{307}{1000}\right)$; ils diminuent ensuite en passant à l'O $\left(\frac{188}{1000}\right)$ et leur minimum tombe au S-O $\left(\frac{31}{1000}\right)$. Dans la demi-circonférence des vents qui vont du Nord au Sud, en passant par l'Est, nous voyons encore les vents du N-E $\left(\frac{47}{1000}\right)$ augmenter de fréquence en tournant vers l'E $\left(\frac{193}{1000}\right)$, et diminuer ensuite en allant au S-E $\left(\frac{68}{1000}\right)$,

Les vents du Sud ont soufflé assez souvent, pendant les dernières années, pour produire une inflexion secon-

103

daire. Nous voyons en effet la courbe qui devrait descendre en passant du Sud-Ouest au Sud-Est remonter légèrement.

La prédominence des vents varie suivant les saisons (Pl. 1, fig. 2 h, p, c, a). Les vents du N-O qui soufflent seulement $\frac{260}{1000}$ en hiver, soufflent $\frac{327}{1000}$ en été et $\frac{328}{1000}$ au printemps. La différence est bien plus accentuée pour les vents d'E; ils soufflent en effet assez rarement en hiver $\frac{97}{1000}$, mais leur fréquence augmente beaucoup pendant les autres saisons et surtout au printemps $\frac{232}{1000}$ et en été $\frac{238}{1000}$. Au printemps et en été les vents soufflent presque constamment d'Ouest à Nord-Ouest et de l'Est au Sud-Est; rarement ils viennent des aires intermédiaires.

La cause de la fréquence et de la succession régulière de ces vents est bien connue. C'est toujours la rupture de l'équilibre thermique sur un point quelconque, plus ou moins élevé, qui produit le vent. La direction du vent dépend de la position où se produit cette rupture, par rapport au point où se trouve l'observateur.

Pendant les belles et chaudes journées du printemps et surtout de l'été, le soleil échauffe très activement, pendant le jour, le sol continental et les couches d'air qui l'avoisinent, tandis que la Méditerranée conserve à peu près la même température. Aussi, dès le matin, lorsque les terres commencent à être assez échauffées, il se produit une véritable aspiration de l'air moins chaud et plus dense de la Méditerranée vers les régions continentales, où l'élévation de température a produit des courants ascendants, qui entraînent l'air plus chaud et plus léger dans les espaces plus élevés. Lorsque, vers la fin du jour et pendant la nuit, les terres se refroidissent par rayonnement, la Méditerranée conserve la même température, et il se produit un courant en sens contraire qui va de la terre à la mer.

Dans notre région, sous l'influence des circonstances locales, les courants circulent ordinairement dans le sens de l'Ouest-Nord-Ouest à l'Est-Sud-Est et réciproquement. Les vents de mer soufflent vers la terre depuis neuf heures du matin environ, jusqu'à l'heure du coucher du soleil. Les vents de terre se lèvent alors avec une force variable, et durent jusqu'au lendemain matin.

La succession de ces deux courants ne se fait pas toujours d'une manière lente et progressive; elle peut se faire brusquement. Alors l'équilibre est rompu et la perturbation atmosphérique qui en résulte amène la pluie et les orages locaux. La succession de ces mêmes courants peut être encore troublée par des mouvements généraux de l'atmosphère qui viennent de loin, arrivent quelquefois animés d'une grande vitesse de translation et peuvent occasionner des pluies et des orages généraux étendus sur de longues zones.

Les mêmes vents agissent différemment sur notre organisme pendant les diverses saisons, bien qu'ils conservent toujours les caractères qu'ils empruntent aux régions qu'ils traversent.

Pendant l'hiver et au commencement du printemps les vents d'entre Ouest et Nord-Ouest sont très fréquents, ils acquièrent quelquefois une grande violence et durent souvent plusieurs jours sans interruption. Comme ils ont traversé les hautes montagnes, qui se trouvent de ces côtés, ils se sont refroidis en se frottant sur leurs flancs neigeux et ils nous arrivent âpres, froids et secs. Les vents d'entre Est et Sud-Est qui viennent de la mer nous apportent au contraire les chaudes et humides haleines de la Méditerranée, pendant ces mêmes saisons.

A la fin du printemps et en été, ces mêmes vents jouissent de propriétés toutes différentes. Les brises marines nous permettent alors, grâce à leur fraîcheur relative, de passer sans trop de souffrances les brûlantes journées des mois de juillet et d'août. Les vents de terre, refroidis par le rayonnement, adoucissent la chaleur des nuits et nous permettent de prendre un repos réparateur.

Noms catalans et caractères des différents vents (Pl. 1, fig. 6). — Les vents portent en Roussillon des noms particuliers, locaux, qui sont tirés de l'endroit d'où ils viennent.

Le vent du Nord est appelé : *Tramontana*, vent d'au-delà des monts; *Narbonés*, vent qui vient de Narbonne; c'est le *Mestral* de la Provence. Il se précipite sur la plaine, impétueux, incisif et froid, et « se déchaîne violent et redoutable, renversant les hommes et leurs chars et les dépouillant de leurs armes et de leurs vêtements[1]. »

La *tramontana* jouit d'un grand renom de salubrité. Ce vent froid et sec possède des propriétés toniques et reconstituantes. Il est néanmoins désagréable à cause de sa violence et de sa persistance, et peut devenir dangereux principalement pour les poitrines délicates.

(1) STRABON, *Géog.* livre III.

Le Nord-Ouest, aussi appelé *Noruest, mestral, tramontana* est souvent confondu avec le précédent, dont il partage les caractères.

Le vent d'Ouest : *Ponent*, vent du Couchant, *Canigonenc*, vent du Canigou, haute montagne qui se trouve à l'ouest, conserve aussi les caractères des deux précédents.

Dans la vallée de Prades, on connaît sous le nom de *Ponent* un vent chaud qui peut même brûler les récoltes, lorsqu'il dure trop longtemps.

A Perpignan on donne indifféremment le nom de *tramontana* à tous les vents qui soufflent d'entre Nord et Ouest; non pas à cause de leur direction vraie, mais surtout parce que tous ces vents nous arrivent après s'être plus ou moins refroidis sur les montagnes placées de l'ouest au nord du département et qu'ils ont tous les trois les mêmes caractères.

Le Sud-Ouest se nomme *Llebetg*, en arabe sud-ouest; d'où le nom catalan : *llebeljada*, coup de vent du Sud-Ouest [2]; *Garbi*, encore en arabe sud-ouest, vent du Couchant; *vent d'Espanya*, vent d'Espagne; *Albé*, vent des Albères, petite chaîne de montagnes qui constitue l'extrémité orientale des Pyrénées et s'étend du sud-ouest du département jusqu'à la mer.

Ce vent est chaud et humide, par conséquent doué de propriétés énervantes; il amène assez souvent la pluie, d'où le proverbe catalan : « *Albé pluja al darré*, vent des Albères, pluie à la suite. »

Le Sud est désigné sous le nom de *Mitgjorn*, vent de midi, vent du milieu du jour.

(2) PUIGGARI, *Diction. Catalan.*

Ce vent est toujours chaud et plus ou moins sec, agréable en hiver, pénible et dangereux pendant la belle saison. Il nous arrive des plaines sablonneuses d'Afrique après avoir traversé la Méditerranée dans sa partie la plus rétrécie, et possède les propriétés du *Sirocco*. Lorsqu'il souffle, « les individus bien portants se sentent accablés, leurs mouvements musculaires sont pénibles, leur tête est pesante et douloureuse, la somnolence continuelle, l'appétit va en déclinant, les convalescents tombent facilement en rechûte, et les malades voient leur état s'aggraver [1]. »

Le vent du Sud-Est, appelé *Marinada*, vent de la mer, est chaud et humide, toujours favorable aux progrès de la végétation, mais hyposthénisant ; il déprime les forces et nuit à l'activité du corps et de l'esprit.

Le vent d'Est se nomme *Llevant*, vent du Levant. Il a, à peu près, les caractères du précédent; cependant il est généralement plus frais et plus fort. Il coïncide souvent avec de fortes pluies et peut occasionner des inondations.

Le Nord-Est est appelé *Gregal*, qu'on prononce *gargal*, vent Grec. « *Vent Grech, entre Llevant y Tramontana. segons la rosa nautica usada en lo Mediteranéo* [2]. » Ce vent possède une température moyenne assez élevée, néanmoins il produit sur nous une impression pénible de froid humide et nous amène souvent la pluie.

Direction moyenne des vents aux différents mois. — Dans le tableau suivant nous avons calculé d'abord la

----

(1) SALVAGNOLI, *Statistica medica delle maremme Toscane, primo bieunio*.

(2) LABERNIA, *Diction. catalá*.

direction de la résultante des vents pendant tous les mois de l'année, afin d'obtenir celle des saisons et la direction moyenne annuelle. Nous y sommes arrivé au moyen de la formule de Lambert qui, pour la trouver, a commencé par diviser l'horizon en 360 parties allant du Nord vers l'Est; il a admis ensuite que tous les vents soufflent avec la même intensité, ce qui n'est pas exact, et il n'a tenu compte que de leur fréquence relative, qu'il a, dans tous les cas, rendue proportionnelle à 1000. Alors Lambert, considérant le vent comme des forces qui mettent l'air en mouvement, a cherché leur résultante, φ, d'après les lois de la mécanique et il a ainsi obtenu la direction moyenne du vent qu'on trouve par la formule suivante :

$$\text{Tang. } A = \frac{E - O + \frac{1}{2}\sqrt{2}\,(NE + SE - NO - SO)}{N - S + \frac{1}{2}\sqrt{2}\,(NE + NO - SE - SO)}$$

Direction moyenne mensuelle du vent.

	ANNÉES DES OBSERVATIONS.			MOYENNES DES 3 ANNÉES.	
	1870	1871	1872	Résultante φ	Temp. moyen.
Déc..		318° 17' 5"	304° 56' 24"	311° 36' 44"	5° 9
Janv.	294° 40' 50"	315 10 47	293 14 10	301 1 56	6 5
Fév..	34 27 25	317 59 50	222 57 59	191 48 25	10 5
Mars	327 27 1	341 58 31	276 0 54	315 8 49	11 7
Avril.	8 21 0	0 32 15	297 5 38	101 59 38	15 7
Mai..	60 58 20	59 2 55	280 12 0	133 24 25	18 1
Juin.	325 4 46	332 6 56	320 10 39	325 47 27	21 9
Juil..	341 51 15	358 10 21	316 9 38	338 43 45	25 0
Août.	325 21 23	22 59 8	311 7 0	219 49 10	23 7
Sept.	85 30 14	72 26 29	288 14 39	148 43 47	21 4
Oct..	303 23 21	46 12 43	263 43 29	194 26 31	15 8
Nov..	311 42 42	309 31 31	274 55 20	298 43 11	11 0

Direction moyenne du vent aux diverses saisons.

Hiver.................................... 268° 9' 2"   7°6
Printemps................................ 183 30 57   15 2
Été..................................... 294 40 47   23 5
Automne................................. 213 57 50   16 1

Année.................................. 240 4 39   15 6

Les tableaux précédents, que nous avons calculés au moyen des tableaux de la fréquence des vents (p. 101), nous permettent de tracer sur une rose des vents les aires correspondantes aux diverses saisons. Nous voyons (Pl. 1, fig. 4) qu'au printemps la résultante coïncide presque avec la direction du méridien géographique; elle s'en écarte de 34 degrés en automne, de 65 degrés en été et de 88 degrés en hiver.

Par conséquent, la loi suivant laquelle, d'après le professeur Ragona, directeur de l'Observatoire de Modène, la résultante se rapprocherait du méridien à mesure que la température s'élève, ne se trouve pas confirmée à Perpignan.

Quant à la rotation du vent, elle a lieu à Modène et à Perpignan dans le même sens, aux mêmes saisons. La rotation s'est faite en sens direct de l'hiver au printemps et de l'été à l'automne; la rotation s'est faite, au contraire, en sens inverse du printemps à l'été et de l'automne à l'hiver.

Les considérations dans lesquelles nous venons d'entrer ne présentent pas le caractère d'exactitude scientifique que nous aurions voulu, mais que nous ne pouvons pas leur donner. Nous avons dit, au commencement de cet article, que l'on admettait d'abord que tous les vents soufflent avec la même intensité, ce qui est faux. Ce qui est plus grave, c'est que la résultante peut, dans certains cas, être marquée au Nord ou au Sud indistinctement. Il suffit pour cela que les vents d'Ouest et d'Est aient soufflé un égal nombre de fois. La résultante coïncidera exactement alors avec la ligne du Sud, parce que nous avons admis que la rotation se faisait toujours en sens direct, c'est-à-dire de gauche à droite, comme marchent les aiguilles d'une montre, en allant du Nord vers l'Est. Mais si elle se faisait en sens inverse, de droite à gauche, comme cela est très possible et comme cela arrive assez souvent, la résultante coïnciderait avec l'aire diamétralement opposée, c'est-à-dire qu'elle serait sur le Nord.

Il ne nous paraît donc pas possible d'obtenir une direction moyenne du vent exacte, et nous croyons qu'il faut se borner à marquer la direction à un moment précis, de manière à connaître exactement la fréquence des vents à des heures déterminées.

Fréquence moyenne des vents aux diverses heures.—Nous avons employé pour connaître la fréquence moyenne des vents aux différentes heures du jour, la marche que nous avons suivie pour déterminer la fréquence mensuelle des vents, et nous avons réuni les résultats dans le tableau suivant :

Fréquence horaire des vents, moyenne annuelle (Somme = 1000).

Heures.	N	N.-O	O	S.-O	S	S.-E	E	N.-E
3....	98.63	302.75	190.14	77.53	57.53	105.48	106.30	61.64
6....	86.30	325.76	256.72	29.58	86.03	38.35	134.25	13.01
9....	92.87	339.73	223.57	30.14	66.03	38.35	164.93	44.38
12....	69.86	289.87	167.95	13.42	87.67	42.74	275.62	52.87
15....	61.10	278.91	140.00	9.86	100.55	72.05	303.56	33.97
18....	71.23	301.37	146.03	16.16	106.85	71.23	252.61	34.52
21....	68.22	309.05	206.30	20.82	85.75	72.87	202.20	34.79
24....	92.05	312.34	178.09	76.44	56.16	104.39	113.42	67.11

Pour mieux nous rendre compte de la fréquence des vents suivant les heures du jour, nous avons, avec les nombres précédents, tracé des courbes qui représentent la fréquence moyenne annuelle pour la période diurne et aux quatre heures critiques, c'est-à-dire à midi et minuit, à six heures du matin et à six heures du soir (6^h, 12^h, 18^h, 24^h). Lorsque le soleil se lève ou se couche, au milieu du jour et au milieu de la nuit (Pl. 1, fig. 3).

Ces courbes se suivent assez régulièrement dans toute cette partie de la demi-circonférence qui va du Nord au Sud en passant par l'Ouest, les divers vents soufflent à peu près le même nombre de fois à toutes les heures du jour. Dans l'autre moitié de la circonférence qui du Nord va au Sud en passant par l'Est, la fréquence des vents varie beaucoup aux diverses heures. Pendant la nuit et le matin, les vents d'Est soufflent bien plus rarement que pendant l'après-midi; le maximum de fréquence se produit à 3 h. du soir $\left(\frac{303}{1000} \right)$. Les mêmes influences qui agissent aux différentes époques de la période annuelle agissent aux diverses heures de la période diurne. C'est toujours le soleil, ce grand régulateur de l'atmosphère, qui détermine la direction et la vitesse des mouvements de l'air.

VITESSE DU VENT.

Vitesses moyennes : annuelle, des saisons, mensuelles, diurnes et horaires. — La vitesse du vent obéit, comme sa direction, à certaines lois, dont une partie seulement nous est connue; elle dépend des mouvements de la terre et suit la marche des saisons et des jours.

Notre anémométrographe électrique inscrit la vitesse du vent, c'est-à-dire l'espace parcouru toutes les dix minutes, mais il ne nous était pas possible de reproduire toutes ces observations. Nous avons fait la somme des kilomètres parcourus pendant huit périodes diurnes de trois heures chacune, nous avons divisé le nombre de mètres par le nombre de secondes, et nous avons eu la vitesse moyenne, par seconde, correspondante à chacune de ces périodes. Les tableaux précédents contiennent ces relevés, pour tous les jours de l'année, pendant trois ans (Voir pages 22 à 99).

Dans le tableau suivant nous reproduisons la vitesse moyenne, par seconde, correspondante à chaque mois ; nous l'avons obtenue en divisant la somme des vitesses des mêmes mois par le nombre des années d'observations.

Vitesse moyenne mensuelle des vents (Pl. 1, fig. 6).

D.	J.	F.	M.	A.	M.	J.	J.	A.	S.	O.	N.	Année.
3.01	3.10	4.22	3.53	2.47	3.04	2.63	2.37	2.15	2.75	2.81	3.02	2.92

A Perpignan, février est le mois de la plus grande vitesse des vents, et août, celui de la plus faible. Il résulte des observations faites à Modène par le professeur Ragona, que le maximum survient au mois d'avril et le minimum au commencement de janvier. M. Quételet, directeur de l'Observatoire de Bruxelles, a trouvé que le maximum arrivait en décembre et le minimum en septembre. Il est donc impossible, quant à présent, de dire exactement à quel mois correspondent, dans chaque latitude, le maximum et le minimum de la force du vent. A Perpignan, le maximum se produit un peu avant l'équinoxe du printemps et le minimum un peu avant l'équinoxe d'automne. Mais il est évident, d'après les observations faites dans ces trois stations, que le vent est plus intense pendant les jours les plus courts et plus faible pendant les jours les plus longs. Pendant les six mois de l'année où le soleil se trouve au-dessous de l'équateur, l'intensité du vent dépasse la moyenne, et pendant les six mois qu'il est au-dessus, l'intensité du vent est inférieure à la moyenne.

Le second maximum, que nous trouvons au mois de mai, est un fait accidentel, qui disparaîtrait probablement si la moyenne comprenait un plus grand nombre d'années.

Nous voyons également que la vitesse du vent suit la marche des saisons. Le maximum arrive au printemps et le minimum en automne (Pl. 1, fig. 7).

Vitesse horaire des vents. — Pour connaître la moyenne horaire du vent aux diverses heures de la journée, nous avons fait la somme des vitesses correspondantes aux mêmes heures pour chaque mois, et nous avons divisé par le nombre des années d'observation.

Vitesse horaire des vents suivant les différents mois :

Mois.	Minuit.	3h	6h	9h	12h	15h	18h	21h	Moyenne diurne.
Décembre.	2.65	2.59	2.75	3.01	3.64	3.49	3.10	2.97	3.02
Janvier...	2.78	2.83	2.93	3.05	3.43	3.30	2.79	2.96	3.01
Février...	2.81	2.81	2.93	2.76	3.68	3.77	3.22	2.84	3.10
Mars.....	3.49	3.49	3.67	4.41	5.27	5.31	4.34	3.83	4.22
Avril....	2.89	2.64	2.91	3.91	4.67	4.73	3.56	3.02	3.53
Mai......	1.85	1.75	1.90	2.80	3.44	3.39	2.61	1.99	2.47
Juin.....	2.40	2.37	2.69	3.56	3.84	3.85	3.02	3.58	3.04
Juillet....	2.00	1.76	1.93	2.92	3.61	3.66	2.92	2.25	2.63
Août.....	1.95	1.88	1.92	2.45	3.15	3.15	2.43	2.03	2.37
Septembre.	1.67	1.50	1.65	2.30	3.21	3.23	1.98	1.68	2.15
Octobre...	2.24	2.30	2.38	3.04	3.72	3.39	2.63	2.34	2.75
Novembre.	2.57	2.63	2.57	2.84	3.43	3.18	2.72	2.56	2.81
Année....	2.44	2.38	2.49	3.08	3.76	3.70	2.94	2.58	2.92

Ce tableau nous montre quelle est la vitesse du vent aux différentes heures du jour. Le maximum s'observe entre midi et trois heures du soir, et le minimum vers trois heures du matin. Si, pour voir plus clairement la marche de la vitesse pendant une journée, nous traçons avec les nombres précédents des courbes représentant la moyenne diurne annuelle et les moyennes diurnes par saisons (Pl. 1, fig. 8 et 9), nous voyons que la courbe annuelle se rapproche beaucoup de l'horizontale pendant la nuit. Entre 18 heures et 6 heures, l'écart le plus grand est de $0^m,56$ par seconde. Pendant le jour, au contraire, entre 6 heures et 18 heures, nous voyons cet écart s'élever à $1^m,27$. La courbe monte d'une manière rapide et régulière de 6 heures à 13 heures 30 et descend avec la même forme de 13 heures 30 à 21 heures. C'est une courbe dont les ordonnées diminuent de hauteur presque également de chaque côté et tendent à se rapprocher d'une ligne droite qui en est l'asymptote. Le tableau suivant nous montre que l'écart diurne, c'est-à-dire la différence entre la plus petite et la plus grande vitesse, qui est de $1^m,27$ entre 6 heures et 18 heures, pour la moyenne annuelle, n'est, pendant la même période, que de $1^m,25$ en automne et de $0^m,71$ en hiver, pendant que le soleil est au-dessous de l'équateur; il s'élève, au contraire, à $1^m,65$ pendant le printemps et à $1^m,37$ pendant l'été, lorsque le soleil chauffe davantage notre hémisphère. Durant la nuit, entre 18 heures et 6 heures, l'écart n'est que de $0^m,30$ en hiver et en automne, il est beaucoup plus fort aux autres saisons et s'élève à $0^m,87$ au printemps et à $0^m,79$ en été.

Vitesse horaire des vents suivant les saisons :

Saisons.	minuit	3h	6h	9h	12h	15h	18h	21h	Moyenne diurne.
Hiver.....	2.75	2.74	2.87	2.94	3.58	3.52	3.04	2.92	3.04
Printemps.	2.74	2.63	2.83	3.71	4.46	4.48	3.50	2.95	3.41
Été.......	2.12	2.00	2.18	2,98	3.53	3.55	2.79	2.29	2.68
Automne..	2.16	2.14	2.20	2.73	3.45	3.27	2.44	2.19	2.57
Année....	2.44	2.38	2.49	3.09	3.76	3.70	2.94	2.59	2.92

Nous voyons aussi dans ce tableau que le moment du maximum arrive vers 13 heures 30 minutes en hiver et en automne, et un peu plus tard au printemps et en été; l'heure de ce maximum dépend donc aussi de la hauteur du soleil.

Il résulte des études de M. le professeur Ragona, qu'à Modène, la plus petite vitesse du vent arrive à 2h,54 après le lever du soleil, c'est-à-dire que le maximum se produit, en ce lieu, à 8h,5 du matin; la plus grande vitesse arrive à 1h,43 après le coucher du soleil, c'est-à-dire à 7h,29 du soir. Le savant professeur en conclut que le soleil met en moyenne deux heures environ pour rendre évident son effet sur l'air et accroître sa mobilité. En d'autres termes, le plus grand effet du refroidissement nocturne de l'air se manifeste, pour ce qui est de sa mobilité, deux heures après que le soleil s'est levé sur l'horizon; au contraire, l'abaissement produit par l'absence du soleil met deux heures environ pour se manifester en commençant à diminuer la vitesse de l'air, c'est-à-dire que le plus grand effet du réchauffement diurne de l'air, cause de sa mobilité, arrive deux heures après que le soleil est couché. Rapprochant ensuite les effets produits par le soleil sur l'échauffement et la mobilité de l'air, il trouve que le minimum de vitesse arrive environ trois heures après e minimum de température, et le maximum de vitesse cinq heures environ après le maximum de température.

M. Quételet a fait, à Bruxelles, vingt années d'observations, et il trouve que la plus petite vitesse arrive vers le milieu de la nuit et la plus grande vers deux heures de l'après-midi. C'est presque les mêmes heures que nous avons trouvées. A Perpignan, comme à Bruxelles, le maximum de vitesse suit donc de très près le maximum de température; mais le minimum de vitesse précède d'un temps notable le minimum de température.

PRESSSION ATMOSPHÉRIQUE, TEMPÉRATURE, HUMIDITÉ RELATIVE ET NÉBULOSITÉ DU CIEL PAR LES DIFFÉRENTS VENTS.

Les vents de même nom ne conservent pas les mêmes caractères dans tous les pays; ces caractères dépendent des régions qu'ils ont traversées. Lorsque les vents d'Ouest arrivent sur les côtes françaises de l'Océan, ils sont chauds et humides; en arrivant dans le Roussillon, ils sont froids et secs, parce qu'ils se sont refroidis sur la chaîne des Pyrénées et qu'ils ont déposé une partie de l'humidité dont ils étaient chargés.

La climatologie a grand intérêt à connaître les caractères des mêmes vents dans les différents pays; aussi nous avons relevé la pression barométrique, la température et l'humidité de l'air, ainsi que la nébulosité du ciel qui correspondent à chaque vent dans le Roussillon. Nous avons choisi les observations faites à neuf heures du matin comme terme de comparaison, parce que c'est à cette heure que le plus grand nombre d'observateurs inscrivent leurs lectures, et parce que la moyenne annuelle de la température et de l'humidité de l'air se rapprochent beaucoup de la moyenne de neuf heures du matin.

Pression barométrique par les différents vents. — Dans le tableau suivant nous avons inscrit la moyenne de la pression atmosphérique correspondant à chaque mois et pour chaque saison.

Pression barométrique mensuelle par les différents vents.

	N	N.-0	0	S.-0	S	S-E	E	N.-E.
Déce.	754.99	756.86	754.60	754.61	752.09	»	» 756.72	» »
Janv..	758.54	757.04	754.53	753.53	756.52	761.33	749.02	756.42
Fév...	761.74	756.00	757.45	752.52	758.50	753.15	754.66	757.33
Mars..	756.83	756.24	756.33	763.81	756,53	756.15	756.31	755.14
Avril..	760.18	757.36	757.45	» »	751.12	759.14	756.58	754.78
Mai...	758.69	757.92	754.11	753.33	755.67	758.53	756.24	756.31
Juin..	756.90	759.71	758.48	755.74	755.12	759.50	758.01	757.78
Juil...	756.62	758.71	756.83	757.52	752.90	754.87	757.03	757.75
Août..	759.56	758 30	758.05	756.42	762.18	758.61	757.56	756.91
Sept..	760.22	757.07	756.18	760.70	757.56	763.13	758.65	761.67
Oct...	759.10	758.08	755.00	761.46	753.79	753.74	756.28	752.76
Nov..	757.67	756.75	753.96	754.43	750.46	756.91	754.73	745.88

Pression barométrique saisonnière par les différents vents

	N	N.-0	0	S.-0	S	S-E	E	N.-E.
Hiver.	758.42	756.63	755.53	753.55	755.70	757,24	753.47	756.87
Print.	758.57	757.17	755.96	758.57	754.44	757.94	756.38	755.41
Été...	757.69	758.91	757.79	756.56	756.73	757.66	757.53	757.48
Aut...	759.00	757.00	755.05	758.86	753.04	757.03	756.55	753.44
Année	758.42	757.50	756.08	756.73	755.20	757.73	755.98	755.70

Avec les valeurs des tableaux précédents nous avons tracé les roses barométriques annuelle et des diverses saisons (Pl. 2, fig. 10) et la courbe de la pression atmosphérique par chaque vent (Pl. 2, fig. 14, courbe B). Nous voyons que la plus haute pression existe par les vents du Nord ; le baromètre descend ensuite régulièrement en allant du Nord au Nord-Ouest et à l'Ouest. Il remonte un peu par le vent du Sud-Ouest et il atteint le minimum par le vent du Sud. La pression augmente par le vent du Sud-Est, mais elle est de $0^{mm},69$ plus basse que par le vent du Nord. Elle diminue ensuite par les vents d'Est et de Nord-Est ; ce dernier vent correspond cependant à une pression de $0^{mm},50$ plus haute que celle des vents du Sud. En somme, il y a deux maxima qui sont observés par les vents du Nord et du Sud-Est, et deux minima qui arrivent par les vents du Sud et du Nord-Est.

Si, au lieu de considérer seulement la moyenne annuelle, nous prenons les hauteurs barométriques des divers vents correspondants à chaque saison (Pl. 2, fig. 10, h, p, e, a), nous voyons que les roses du printemps, p, et de l'automne, a, se suivent dans leurs inflexions. La rose d'hiver, h, est irrégulière à cause de la diminution de la pression par les vents d'Est et du Sud-Ouest pendant cette saison. La rose de l'été, au contraire, est très régulière ; dans cette saison les deux maxima arrivent par les vents du Nord-Ouest et du Sud-Est qui sont les plus forts, et les minima par les vents du Sud-Ouest et du Nord-Est.

Température de l'air par les différents vents. — Nous donnons ci-dessous la température moyenne de l'air pour chaque vent pendant tous les mois de l'année et les diverses saisons.

Température moyenne mensuelle par les différents vents.

	N	N.-O	O	S.-O	S	S.-E	E	N.-E
Décembre	8.6	5.7	4.6	5.5	12.7	» »	7.0	» »
Janvier	7.0	6.4	4.9	6,0	6.9	5.4	4.2	5.6
Février	8.3	9.5	9.7	10.3	9.8	11.6	9.7	12.9
Mars	11.6	10.4	11.3	8.2	12.4	13.7	13.0	11.1
Avril	18.6	15.4	18.2	» »	16.1	15.4	17.8	16.5
Mai	18.9	18.4	18.3	20.2	18.3	23.5	19.9	18.0
Juin	22.3	21.7	24.0	19.5	26.3	24.6	24.4	24.8
Juillet	25.2	25.3	24.5	34.8	28.4	26.8	26.3	26.7
Août	21.0	24.0	26.2	21.9	25.3	25.6	25.6	25.8
Septembre	24.7	24.2	22.8	20.9	23.3	20.3	22.8	25.8
Octobre	16.3	16.3	16.4	16.7	16.1	18.0	18.5	19.0
Novembre	7.5	10.0	9.7	11.3	13.8	13.3	10.6	17.0

Température moyenne par saisons par les différents vents.

	N	N.-O	O	S.-O	S	S.-E	E	N.-E
Hiver	8.0	7.2	6.4	7.3	9.8	8.5	7.0	9.3
Printemps	16.4	14.7	15.9	14.2	15.6	17.5	16.9	15.2
Été	22.8	23.7	24.9	25.4	26.7	25.7	25.4	25.8
Automne	16.2	16.8	16.3	16.3	17.7	17.2	17.3	20.6
Année	15.8	15.6	15.9	15.9	17.4	18.0	16.7	18.5

La rose thermométrique que nous avons tracée (Pl 2,
fig. 11), avec les nombres ci-dessus, est très régulière.
Les seuls écarts que nous constatons correspondent au
vent du Nord-Est pendant lequel nous trouvons une température anormale exceptionnellement élevée. Cette irré-
gularité est accidentelle; elle peut dépendre du petit
nombre d'années d'observations et elle disparaîtra peut-
être dans une plus longue série.

La rose de la température moyenne annuelle, A, se
rapproche beaucoup de la rose du printemps, p, et de
l'automne, a. La rose de l'été, e, s'éloigne beaucoup du
centre mais elle reste bien régulière et les différences
de température sont progressives d'un vent à l'autre.

Le maximum correspond au vent du Sud : 26°7, et le minimum au vent du Nord : 22°8. Pendant l'hiver la rose des vents prend un peu la forme ovalaire ; le vent du Sud est le plus chaud, 9°8, et le vent d'Ouest est le plus froid, 6°4.

Humidité de l'air par les différents vents. — Nous avons calculé la quantité d'humidité contenue dans l'air au moyen des indications du psychromètre ; les tableaux suivants donnent l'humidité relative par les différents vents, à neuf heures du matin, pour tous les mois de l'année et pour toutes les saisons.

Moyenne de l'humidité relative de chaque mois par les différents vents.

	N	N.-O	O	S.-O	S	S.-E	E	N.-E
Décembre.....	81.0	68.2	80.0	77.7	72.6	» »	81.6	» »
Janvier........	67.7	75.2	79.6	88.0	75.2	91.0	80.0	78.6
Février........	79.2	71.0	80.5	83.0	87.5	83.8	83.5	79.8
Mars..........	66.0	58.0	62.1	72.0	79.3	79,0	80.1	77.5
Avril..........	48.7	53.5	48.0	» »	25.8	64.3	62.8	69.0
Mai...........	48.5	55.9	56.1	59.7	57.3	44.0	67.4	51.7
Juin..........	64.3	46.9	43.5	63.0	35.2	53.0	60.9	53.3
Juillet........	42.6	49.5	52.6	24.0	56.0	73.0	58.4	56.0
Août.........	72.6	51.6	53.6	74.8	71.0	66.0	58.7	66.2
Septembre.....	57.5	60.0	62.5	75.0	73.1	72.0	72.3	56.5
Octobre........	64.8	64.1	68.8	68.1	72.7	67.7	76.6	86.0
Novembre......	69.0	64.7	73.7	80.6	80.4	78.3	80.3	85.0

Moyenne de l'humidité relative de chaque saison par les différents vents.

	N	N.-O	O	S.-O	S	S.-E	E	N.-E
Hiver.........	76.0	71.5	80.0	83.0	78.4	87.4	81.7	79.2
Printemps.....	54.4	55.8	55.4	65.9	67.5	62.4	70.1	66.1
Été..........	59.8	49.3	49.9	53.9	54.1	64.0	59.3	58.5
Automne......	64.4	62.9	68.3	74.6	75.4	72.7	76.4	75.8
Année........	63.5	59.9	63.4	69.6	68.8	70.2	71.9	69.0

Pour mieux saisir les rapports que les nombres précédents peuvent avoir entre eux et les relations qui existent entre l'humidité de l'air et les autres phénomènes atmosphériques, nous avons tracé les roses hygrométriques des vents (Pl. 1, fig. 7).

En comparant la rose hygrométrique avec la rose thermométrique, nous voyons qu'elles ont entre elles les plus grands rapports : La régularité est la même, la moyenne de l'année se rapproche des moyennes du printemps et de l'automne, mais les écarts de l'hiver et de l'été ne sont pas aussi grands pour l'humidité que pour la température.

Si nous divisons la circonférence en deux parties allant du Nord-Ouest à l'Est, par le Sud, et de l'Est au Nord-Ouest, par le Nord, nous voyons que l'humidité va en augmentant dans la première moitié et en diminuant dans la seconde. La courbe de l'humidité de l'air (Pl. 2, fig. 14, H), atteint son minimum par le vent du Nord-Ouest, qui est le plus sec, 0,60 ; elle s'élève ensuite et arrive au maximum, 0,72, par le vent d'Est. La progression est très régulière en allant du Nord-Ouest vers le Nord et le Nord-Est jusqu'à l'Est, mais en descendant de l'Est vers le Sud et l'Ouest, la courbe subit une inflexion légère par les vents du Sud-Ouest ; la moyenne correspondante à ce vent devrait être de 0,66 environ, tandis qu'elle s'élève à près de 0,70.

Les roses hygrométriques des saisons conservent, à peu près, la même forme que la rose annuelle ; cependant les maxima qui devraient survenir par les vents d'Est, arrivent par le vent du Sud-Est en hiver et en été. Au printemps, ce n'est pas le vent d'Ouest qui est le plus sec, comme dans les autres saisons, c'est le vent du Nord.

Nébulosité du ciel par les différents vents. — Dans les tableaux suivants nous donnons la moyenne de la nébulosité du ciel pendant les différents mois et les diverses saisons. Pour cela nous avons cherché quelle était l'étendue du ciel qui, le matin à 9 heures, était voilée par des nuages, et nous avons admis que 0 correspondait à un ciel sans nuages et 5 à un ciel complétement couvert.

Nébulosité du ciel aux divers mois,
par les différents vents.

	N	M.-O	O	S.-O	S	S.-E	E	N.-E
Décembre	3.7	2.4	2.8	2.7	3.3	» »	3.6	» »
Janvier	3.7	2.6	2.9	5.0	4.2	5.0	0.0	3.2
Février	1.9	3.1	3.3	3.7	3.7	4.1	4.0	2.7
Mars	2.1	2.7	3.1	0.0	3.5	3.0	3.1	4.5
Avril	1.8	2.2	2.1	» »	3.0	2.6	2.6	3.3
Mai	2.6	2.9	3.7	2.5	4.0	1.0	3.2	3.2
Juin	3.3	2.3	2.1	5.0	0.8	0.5	2.3	2.5
Juillet	1.3	2.4	2.6	2.0	1.0	1.0	2.4	2.2
Août	3.5	2.3	2.0	2.8	4.0	3.0	1.9	2.4
Septembre	2.6	2.3	2.3	2.5	2.2	2.0	2.8	1.5
Octobre	3.0	2.6	3.0	2.2	2.3	4.6	3.5	1.0
Novembre	2.7	2.1	2.9	3.0	3.9	3.5	3.7	5.0

Nébulosité du ciel aux diverses saisons
par les différents vents.

	N	M.-O	O	S.-O	S	S.-E	E	N.-E
Hiver	3.1	2.7	3.0	3.8	3.7	4.6	2.5	2.9
Printemps	2.2	2.6	3.0	2.5	3.5	2.2	3.0	3.7
Été	2.7	2.3	2.2	3.3	1.9	1.5	2.2	2.4
Automne	2.8	2.3	2.7	2.6	2.8	3.4	3.3	2.5
Année	2.7	2.5	2.7	2.8	3.0	2.7	2.8	2.9

Avec les nombres ci-dessus nous avons tracé les roses de nébulosité (Pl. 2, fig. 13), et une courbe (Pl. 2, fig. 14, N). Elles font voir l'étendue du ciel qui est voilée par des nuages par chaque vent. La dernière courbe, (fig. 14, N) a, comme celle du baromètre B, deux maxima et deux minima. Le ciel est surtout voilé par les vents du Nord-Est et du Sud ; il s'éclaircit principalement par les vents du Nord-Ouest et du Sud-Est. Les roses de la nébulosité ont beaucoup de rapports avec les roses du baromètre et présentent, comme ces dernières, de grandes irrégularités dans les diverses saisons.

VENTS FORTS.

Vents forts : leurs causes, leurs caractères, persistance, rafales. — Le vent d'Ouest à Nord prend souvent, dans le midi de la France, une grande violence et devient froid. Les caractères dominants qu'on lui reconnaît ne sont pas seulement la violence et l'âpreté, mais encore la persistance et les rafales qui l'accompagnent.

La cause de ce vent a pendant longtemps été attribuée au refroidissement subit de l'air qui, en passant sur les cimes neigeuses des Alpes et des Pyrénées se refroidissait et devenait plus fort. M. Marié-Davy montra le premier, en 1864, que la cause de ce vent n'est pas essentiellement locale et que les mouvements qui lui donnent naissance se transportent de l'Ouest à l'Est comme les bourrasques. M. Kaemtz l'a démontré plus clairement, et, dans une communication à l'Institut, en juillet 1865, il a fait voir que ce vent est une véritable tempête venant de loin et que toutes les fois qu'il souffle avec violence il y a aussi un excès de pression à l'ouest du golfe du Lion. Dans son livre sur l'atmosphère, M. Flammarion a fort bien esquissé la cause et les caractères de ce vent. « Sa violence est due à la forme de l'isthme pyrénéen. Dès que la direction générale du mouvement atmosphérique dépasse un peu l'ouest vers le nord, le plateau central et le massif des Alpes dévient le courant vers le golfe du Lion. Ce courant, rétréci entre les Alpes et les Pyrénées dans le sens de la largeur et par les Cévennes dans le sens vertical, constitue un *rapide* sur les côtes du Languedoc; de là une des causes de l'excès de pression sur le versant nord-ouest des Cévennes et la diminution de pression sur la Méditerranée, là où le vent conserve une vitesse qui n'est plus en rapport avec la largeur du lit.

De là aussi la violence du vent du Nord dans la vallée du Rhône, entre les contre-forts des Alpes et ceux du plateau central.

Le mistral est le vent le plus sec de ces parages, parce qu'il s'est asséché en passant sur les Cévennes; il est en effet pluvieux sur le versant nord-ouest de ces montagnes; les vents des régions E. ou S. y amènent de la pluie, parce que ce sont des vents marins sur les côtes et sur le versant sud-est des Cévennes; ils sont secs sur le versant opposé. »

La ville de Perpignan est bâtie au centre d'une assez grande plaine limitée à l'est par la mer et circonscrite des autres côtés par de hautes montagnes. Le massif du Canigou, haut de 2785 mètres, s'élève à l'ouest et reste couvert de neige pendant la plus grande partie de l'année. L'air qui passe sur ces sommets neigeux s'y refroidit, des courants locaux s'établissent vers les vallées plus basses et plus chaudes et leur vitesse s'ajoute à celle du courant principal.

Aussi les vents d'O. à N. nous arrivent plus froids et plus violents qu'ils ne le sont sur les versants septentrionaux. Les vents d'E. viennent de la mer et ne rencontrent avant d'arriver jusqu'à nous qu'une bande de terre presque horizontale qui oppose très peu de résistance au passage de l'air; aussi ces vents marins, chauds et humides, conservent, même lorsqu'ils sont assez forts, une vitesse assez uniforme et peu variable d'un moment à l'autre. Les vents d'ouest, au contraire, gênés par les froids massifs des hautes montagnes, soufflent souvent par secousses et comme par une succession de rafales dont chacune représente un effort et la victoire du courant d'air sur l'obstacle que l'élévation du sol oppose à son passage.

Dans les latitudes plus élevées les vents soufflent quelquefois avec une grande violence, mais ordinairement ils durent peu; ici, au contraire, nous les voyons assez souvent durer pendant quatre, six, huit et même dix jours, sans aucune interruption et devenir très impétueux.

Pour nous rendre mieux compte de la valeur de ces deux caractères nous avons relevé la durée et l'intensité des vents les plus forts de chaque mois; divisant ensuite le total par le nombre d'années d'observation nous avons fait le tableau suivant :

Persistance des vents forts de chaque mois.

Mois :	D.	J.	F.	M.	A.	M.	J.	J.	A.	S.	O.	N.
Nombre de jours :	4.3	5.3	3.7	8.3	6.0	1.7	7.3	3.0	1.3	1.7	4.0	4.3
Vitesse moyenne :	5.4	7.2	0.8	0.2	6.0	5.0	5.4	4.7	5.3	4.8	6.4	6.2

C'est donc du mois de janvier au mois d'avril que nous trouvons les périodes de vent les plus longues et les plus fortes. Elles durent de quatre à huit jours en moyenne et conservent une vitesse de vingt à vingt-six kilomètres à l'heure.

Ces nombres et principalement ceux de la vitesse ne paraissent pas bien forts. Ils ont cependant une très grande importance parce qu'ils produisent une sorte d'acclimatement momentané et que le passage d'une période de froid sec à une période de chaleur humide ne s'accomplit pas sans que notre organisme en soit péniblement impressionné. Ces brusques variations de température et d'humidité qui sont un des caractères essentiels de notre climat sont aussi son plus grand défaut.

Vents très forts : leurs effets, renversement des trains, précautions à prendre contre ces accidents. — Les vents exceptionnellement forts et persistants durent un ou deux jours au maximum et ne dépassent pas une vitesse de 36 kilomètres à l'heure. Cette vitesse augmente considérablement quelquefois pendant la nuit, ordinairement sur le milieu du jour, mais alors elle ne dure que peu de temps.

Assez rarement le vent, dans notre climat, souffle en tempête : alors il déracine les arbres, ébranle les édifices et renverse même les trains du chemin de fer.

Des ouragans d'une violence tout à fait exceptionnelle ont sévi quelquefois dans notre région et ont amené des accidents qui lui ont donné une triste célébrité. Cinq fois des trains ont été renversés sur l'embranchement de Perpignan à Narbonne : les 27 février 1860, 19 janvier 1863, 11 février 1865 et 5 décembre 1867.

Deux trains ont été renversés dans la soirée du 27 février 1860.

Le premier, un train de voyageurs, parti de Perpignan à 4 h. 15 m. du soir, a déraillé à 1200 mètres au-delà de la station de Salses en allant vers La Nouvelle. Ce train, composé de six voitures, avait laissé aux stations de Rivesaltes et de Salses la majeure partie des voyageurs venus à Perpignan pour le tirage au sort de la classe de 1859. Il n'en restait plus qu'une trentaine. Le train marchait avec une vitesse de 15 kilomètres environ à l'heure. Les voyageurs assurèrent qu'ils avaient d'abord senti le train soulevé puis retomber. Peut-être un déraillement précéda-t-il le renversement des voitures qui roulèrent et allèrent se briser au bas du remblai, sans occasionner aucune blessure aux voyageurs.

Un train de marchandises parti de Perpignan, ce même jour à 4 h. 25 m. du soir, a déraillé à 200 mètres avant d'arriver à la station de Rivesaltes, du côté de Perpignan. Le mécanicien avait été obligé de s'arrêter trois fois, sur une longueur de 8 kilomètres, pour relever les poteaux télégraphiques renversés sur la voie par le vent. Six wagons vides présentaient une grande prise au vent; ils furent renversés et entraînèrent un wagon chargé; quatre plate-formes chargées de fonte de fer et trois wagons chargés de marchandises diverses ne furent pas renversés.

Le 19 janvier 1863 à $10^h 50^m$ du matin, 16 wagons vides qui étaient placés sur la voie de garage de la station de Leucate furent renversés par le vent.

Dans cette même station, onze wagons de marchandises, qui étaient placés sur la même voie de garage, furent encore renversés par le vent dans la nuit du 10 au 11 février 1865.

Enfin un cinquième accident, le plus grave de tous, est arrivé le 5 décembre 1867 à 6 h. 20 m. du matin. Le train de voyageurs parti de Perpignan à 5 h. fut renversé à 6h 20m entre les stations de Leucate et de Fitou, au poteau kilométrique no 441. « Ce train se composait d'une locomotive et de sept voitures, dont un fourgon de queue; il marchait à une vitesse de 30 à 35 kilomètres à l'heure sur un palier en ligne droite et le vent soufflait du nord-ouest dans une direction sensiblement perpendiculaire à la voie. Le mécanicien regardait justement en arrière et a vu les voitures culbutées par un mouvement de rotation; elles ont été projetées dans l'étang placé à trois mètres en contre-bas de la voie, moins le fourgon de queue, qui, grâce à son poids supérieur, a été entraîné hors la voie, mais sans tomber. Le mécanicien croyait un instant que le tender suivrait aussi, mais l'attelage s'est rompu à temps. » Il y avait dans le train une trentaine de voyageurs; dix reçurent des contusions et quelques égratignures sans importance; un seul, le surveillant télégraphique F..... fut très grièvement blessé, et je dus pratiquer, sur le lieu même de l'accident, l'amputation de la cuisse droite.

Les ingénieurs, vivement préoccupés du danger que peuvent courir les voyageurs, ont cherché à se rendre compte de la pression que le vent avait dû exercer pour renverser les trains. Deux notes relatives à ces accidents se trouvent dans les annales des Ponts-et-Chaussées.

La première note a été publiée en 1864 (4ᵉ cahier, page 68). Nous la reproduisons en partie :

« A notre connaissance, le renversement des trains de chemin de fer ne s'est encore produit que trois fois, toujours dans la même contrée, connue pour la violence de ses ouragans, sur l'embranchement de Narbonne à Perpignan, savoir :

1º Près de Salses, le 27 février 1860 ;

2º Près de Rivesaltes,   —

3º Dans la station de Leucate, le 19 janvier 1863.

Dans les trois cas, les véhicules renversés étaient complétement vides, et les wagons chargés restèrent sur la voie. Encore n'est-on pas certain que, dans les deux accidents du 27 février, le renversement ne fut pas précédé d'un déraillement. Dans le troisième cas, toutefois, les 17 wagons renversés étaient au repos dans une voie de garage et il est impossible dès lors de contester un certain minimum d'effort, facile à calculer, que le vent a dû exercer. Effectué sur les types des wagons du Midi, ce calcul a donné 119 à 160 kilogrammes par mètre carré (1). Pour des wagons du Bourbonnais, nous trouvons 149 kilogrammes, et il est probable que le matériel des autres compagnies ne donnerait pas des résultats bien différents.

Nous concluons donc qu'un vent exerçant une pression de 170 kilogrammes par mètre carré doit déjà être réputé une exception presque inouïe sur le réseau français, moins la région de Perpignan.

La seconde note a été communiquée aux *Annales des Ponts-et-Chaussées* par M. Nordling ; elle a été publiée en 1868 (2ᵉ cahier, page 219), après l'accident du 5 décembre 1867. La voici :

« Un quatrième accident s'est produit sur le réseau du Midi, jeudi 5 décembre 1867, à six heures vingt minutes du matin,

(1) *Traversée des Alpes*, par E. Flachat, 1860, p. 115.

entre les stations de Leucate et de Fitou, à un train de voyageurs allant de Perpignan à Narbonne.

« Le tableau suivant fait connaître aussi exactement que possible le poids et la forme des wagons ainsi que les résultats statiques que le calcul permet d'en déduire :

Numéros d'ordre des wagons.	DÉSIGNATION des wagons.	Poids des wagons.	Bras de levier.	Moment de résistance.	Surface exposée au vent.	Bras de levier du vent.	Pression du vent correspondant à l'équilibre par mètre carré.
		kil.	mèt.		m. q.	mèt	kilog.
1	AB mixte, voyageurs	6280	0,75	4710	17,50	2,05	131
2	D fourgons........	5874	—	4406	14,40	2,05	149
3	AB mixte, voyageurs	6767	—	5075	17,50	2,05	141
4	AB —	6767	—	5075	17,50	2,05	141
5	C 3e clas. voyageurs	6770	—	5078	16,50	2,00	154
6	C —	6770	—	5078	16,50	2,00	154
7	DT fourgon de queue déraillé, non renversé....	6954	—	5216	12,20	1,68	254

« Il résulte de ce tableau que l'intensité du vent a dépassé 154 kilogrammes par mètre carré, puisque les 2 wagons nº 5 et 6 ont été renversés ; mais qu'elle n'a pas atteint 254 kilogrammes puisque le fourgon nº 7 a simplement déraillé, ce qui peut s'expliquer par l'action de l'attelage. L'excès de force du vent ayant été plus grand sur les premières voitures que sur les véhicules suivants, on comprend que l'attelage entre le tender et la voiture nº 1 se soit rompu.

« Ces chiffres semblent confirmer que le coefficient de 170 kilogrammes par mètre carré appliqué au calcul de stabilité des viaducs (y compris la surface d'un train) n'a rien d'excessif, mais qu'il semble néanmoins suffisant, puisque le calcul entrepris sur les wagons vides de différentes Compagnies montre qu'ils devraient se renverser sous une pression de 170 kilogrammes et que ce phénomène ne s'est encore produit qu'à Narbonne et au Karst (entre Adelsberg et Trieste). »

Le rédacteur des *Annales* continue :

« J'ajouterai une observation à la note fort intéressante que l'on vient de lire. — D'après les formules, très discutables d'ailleurs, que l'on trouve dans tous les aide-mémoires, pour calculer la pression du vent en fonction de sa vitesse, les wagons du chemin du Midi ont dû céder à un vent dont la vitesse était de 30 et quelques mètres par seconde. Cette vitesse est atteinte et même dépassée à Paris à des intervalles qui ne sont pas fort éloignés. Pour ne citer que deux exemples, j'ai observé le 27 février 1860 une vitesse de 41 mètres par seconde, et le 8 mars dernier, à 9 h. 25 du matin, une vitesse de $33^m,5$. *(Annales des Ponts-et-Chaussées*, 1868, 2e cahier, page 219). »

M. Nordling a trouvé que les wagons vides des différentes Compagnies devaient se renverser sous une pression de 170 kilogrammes par mètre carré, ce qui représente une vitesse de 34 mètres environ par seconde; soit 126 kilomètres à l'heure. On a dit, sans preuves à l'appui, que la pression pouvait s'être élevée à 400 kilogrammes, ce qui représenterait une vitesse de 55 mètres par seconde, à deux mètres au-dessus de la surface du sol, en dehors de toute probabilité.

Le rédacteur de la note insérée à la fin de l'article des *Annales* fait remarquer que la vitesse susceptible de renverser les trains a été atteinte et même dépassée à Paris où l'on a observé des vitesses de $35^m,5$, le 8 mars 1868, et de 41 mètres, le 27 février 1860, le même jour que deux trains étaient renversés sur notre embranchement. Aucun wagon n'a cependant été renversé par le vent ce jour-là ni à Paris ni dans les environs. Les wagons auraient donc résisté à une pression de 280 kilogrammes, lorsque d'après les expériences qui ont été faites, il suffit d'une pression de 170 kilogrammes pour les renverser. Ils ne pouvaient pas l'être, en effet, car, d'après les expériences que nous avons faites (page 19), nous savons comment la vitesse du vent diminue avec la hauteur. Nous avons trouvé qu'à 31 mètres au-dessus du sol un anémomètre avait une vitesse de 1,81 fois plus forte, en moyenne, que celui qui était placé à 2 ou 3 mètres seulement au-dessus de la surface du sol. Nous avons même trouvé que quelquefois cette vitesse était double.

L'anémomètre de Paris qui a servi à mesurer ces vitesses est semblable aux nôtres ; il est fixé à la pointe d'un mât de 13^m,80 de haut, installé sur une tour haute de 16^m,20 et située au sommet de la place du roi de Rome *(Trocadéro)* plus élevée elle-même de 23^m,909 que les quais de la Seine voisins. Le moulinet se trouve donc à 53^m,909 au-dessus des quais et à 30^m au-dessus du seuil de la tour qui est le sol véritable. Nous pouvons en conclure que la force du vent qui agissait en ce moment sur les trains dans les plaines voisines était environ moitié moindre que celle qui faisait tourner le moulinet placé de beaucoup au-dessus, et qu'elle ne dépassait pas une vitesse de 20 mètres par seconde ou une pression de 54^k,16 par mètre carré.

Jusqu'à présent les trains n'ont été renversés qu'une seule fois au Karst, et cinq fois sur l'embranchement de Perpignan à Narbonne. Évidemment le vent a, dans la région où se sont produits ces accidents, une plus grande violence que celle que nous lui connaissons dans les plaines du Roussillon et dans les autres parties de notre littoral. Cela tient, croyons-nous, d'abord à ce que des courants locaux s'établissent, ainsi que nous l'avons expliqué ci-dessus, et ajoutent leur vitesse au courant principal; mais, l'excès d'impétuosité qui leur est particulier vient surtout de la disposition orographique du sol.

Lorsque nous sommes allé porter les secours de notre art aux victimes de l'accident du 5 décembre 1867, nous avons examiné attentivement les lieux où cet accident s'est produit et nous avons étudié la disposition des montagnes voisines. D'un côté la voie touche à l'étang de Leucate, et de l'autre elle touche presque à la route nationale n° 9, construite elle-même au pied des contre-forts des Corbières qui forment, en cet endroit, un *goulet* dont la direction fait avec la voie un angle de 90 degrés. C'est un entonnoir par où passe le vent.

Les courants atmosphériques constituent des fleuves aériens que nous pouvons comparer aux grandes rivières; les mêmes lois leur seront applicables. Nous savons que le changement de vitesse de l'eau est occasionné par le changement des dimensions transversales de la rivière soit en largeur, soit en profondeur, et que plus son lit sera resserré et profond, plus l'eau sera animée d'une grande vitesse. De même le fleuve aérien augmente de vitesse en passant dans ces gorges des Corbières, hautes de 200 mètres, et il se trouve en sortant animé d'une grande impétuosité. Celle-ci est encore augmentée parce qu'à la sortie il y a une véritable *chute* produite par l'arrivée d'une masse d'air relativement dense dans un milieu plus humide dont l'air est plus raréfié. Le courant acquiert en ce moment sa plus grande violence et peut aussi renverser le premier obstacle qu'il rencontre, le train qui lui barre le passage.

On observe ces mêmes effets de Salses à Leucate. Le

côté gauche de la voie touche les montagnes sur une assez grande longueur et sur les autres parties il en est peu éloigné; de l'autre côté se trouve l'étang, c'est-à-dire une surface unie qui oppose au vent le moins de résistance possible. Aussi dans toute cette étendue la force du courant d'air est plus grande parce que l'effet de barrage ou de chute se produit toujours, soit que les crêtes des montagnes se dirigent parallèlement au chemin de fer, soit que leur direction quelquefois inclinée sur la voie, mais le plus souvent normale, forme une succession de goulets par où s'engouffre le vent. Il s'établit ainsi une suite plus ou moins interrompue de points dangereux dans lesquels les wagons peuvent être soulevés et renversés.

M. Malbes, ingénieur des Ponts-et-Chaussées, attaché au chemin de fer du Midi, ancien ingénieur de la marine à Toulon, m'a cité deux faits qui viennent à l'appui des explications que nous venons de donner.

Un bâtiment de grandes dimensions et très élevé se trouvait à peu de distance d'une petite construction beaucoup plus basse mais également placée dans la direction du vent. Pendant un ouragan la toiture de la petite bâtisse fut enfoncée par la violence du courant. Ce fait ne peut être expliqué que par la chute brusque sur ce point abrité, où l'air raréfié produisait une non-pression, d'une masse d'air animée d'une grande vitesse.

L'amiral Romain-Desfossés a remarqué que depuis que le bas de la vallée du Rhône est devenu plus humide, parce qu'il est arrosé par le canal de la Durance, la zône du mistral a remonté la vallée et le vent est sensiblement plus fort à la hauteur d'Avignon qu'à Marseille.

Pour que les trains ne fussent plus renversés à l'avenir, il fallait donc améliorer les conditions de stabilité. Celles-ci dépendent : 1° Du poids des wagons ; 2° de l'écartement des essieux ; 3° de l'état des roues qui doivent être bien centrées et à peu près également chargées ; 4° de l'attelage ; 5° du rapprochement des wagons de même hauteur afin de diminuer la résistance de l'air.

M. Simon, directeur de l'exploitation des chemins de fer du Midi, a prescrit, dans un ordre de direction en date du 12 novembre 1868, toutes les précautions à prendre contre les ouragans sur la section de Narbonne à Perpignan. « Les mesures prescrites doivent être appliquées sur cette section : 1° d'une manière permanente pendant la période comprise entre le 15 novembre et le 15 mars de chaque année ; 2° à toute époque, chaque fois que le chef de l'une des stations extrêmes ou intermédiaires redoute un ouragan. »

Depuis cette époque nous avons eu des vents violents mais, grâce à ces sages mesures, aucun train n'a été renversé.

F.1. *Loi de l'augmentation de la vitesse du vent suivant la hauteur.*

Échelles. Les abscisses donnent, en mètres, l'élévation au dessus du sol.
Les ordonnées donnent les vitesses correspondantes à la hauteur.

F.2. *Fréquence relative des vents dans les différentes saisons. (S = 1000).*

Échelles. 10 millimètres par aire de vent comptés sur les abscisses,
10 centimètres pour la durée totale des vents pendant l'année,
comptés sur les ordonnées.
Courbes des moyennes. A .... m. annuelle, h .... m. de l'hiver,
p .... m. du printemps, e .... m. de l'été, a .... m. de l'automne.

F.3. *Fréquence relative des vents aux diverses heures (S = 1000).*

Échelles. 10 millimètres par aire de vent comptés sur les abscisses,
10 centimètres pour la durée totale des vents pendant l'année, comptés
sur les ordonnées.
Courbes des moyennes. D .... m. diurne, 24 .... m. de minuit,
6 .... m. de 6 h. du matin, 12 .... m. de midi, 18 .... m. de 6 h. du soir.

F.6. *Vitesse moyenne des vents aux différents mois de l'année.*

Échelles. 10 millimètres par mois comptés sur les abscisses, 10 millimètres
de vitesse par seconde comptés sur les ordonnées.

F.8. *Vitesse moyenne annuelle des vents aux diverses heures.*

Échelles. 10 millimètres pour 3 heures comptés sur les abscisses,
10 millimètres par mètre de vitesse par seconde comptés sur les ordonnées.

F.9. *Vitesse moyenne des vents par saisons aux diverses heures.*

Échelles de 10 millimètres par 3 heures, comptés sur les abscisses, et de
10 millimètres par mètre de vitesse par seconde comptés sur les ordonnées.
Pour prévenir, en partie, l'entrelacement des courbes on les a reculées
parallèlement à elles-mêmes, la courbe .. donne donc, directement,
que la différence des vitesses d'après les différences entre les ordonnées.

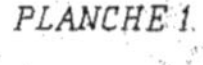

F.7. *Vitesse moyenne des vents aux différentes saisons.*

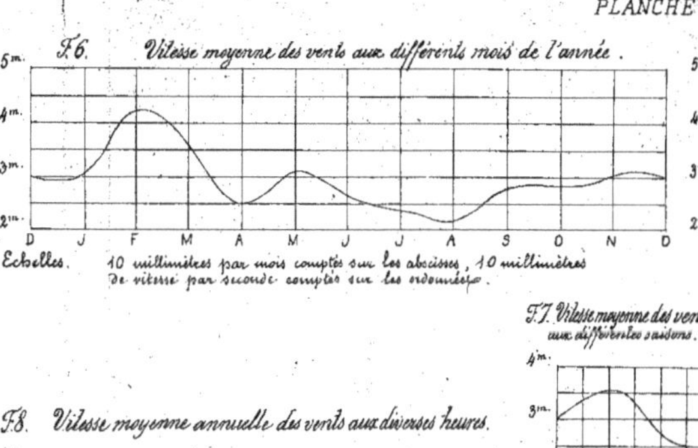

Échelles : comme à la F. 4.

Direction moyenne annuelle du vent.
F.4.

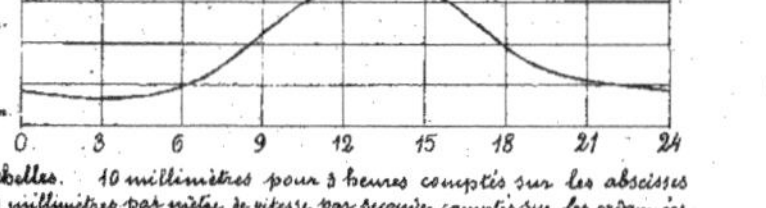
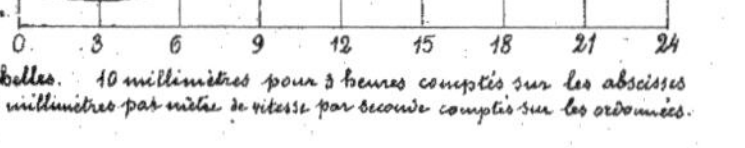

Rose Catalane des vents.
F.5.

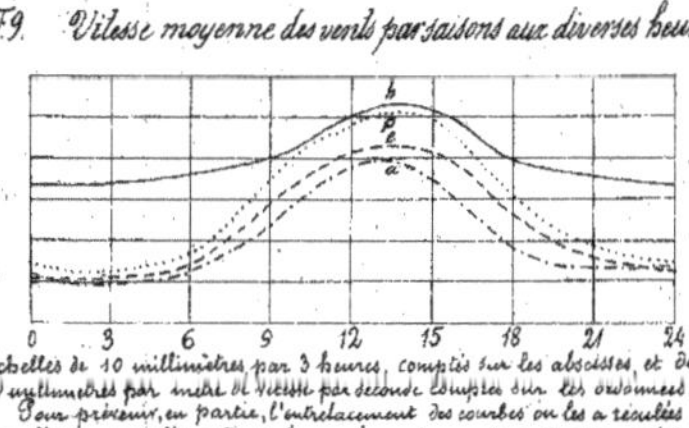

F.10. Rose barométrique des vents.

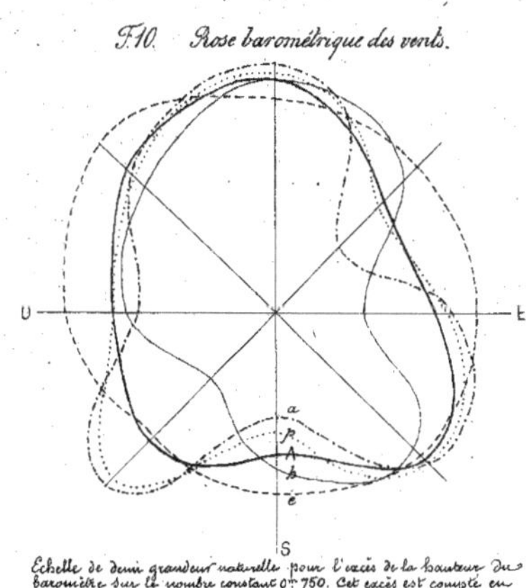

Echelle de demi grandeur naturelle pour l'excès de la hauteur du baromètre sur le nombre constant 0ᵐ 750. Cet excès est compté en partant du centre sur chacune des huit aires de vent.
Courbes des moyennes : A ——— m. annuelle, h ——— m. de l'hiver, p ..... m. du printemps, e ———— m de l'été, a ——— m. de l'automne.

F.11. Rose thermométrique des vents.

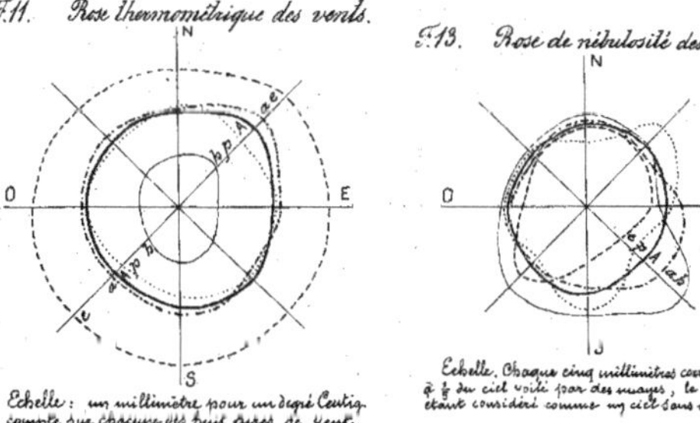

Echelle : un millimètre pour un degré Centig. compté sur chacune des huit aires de vent, le centre étant 0°.

F.13. Rose de nébulosité des vents.

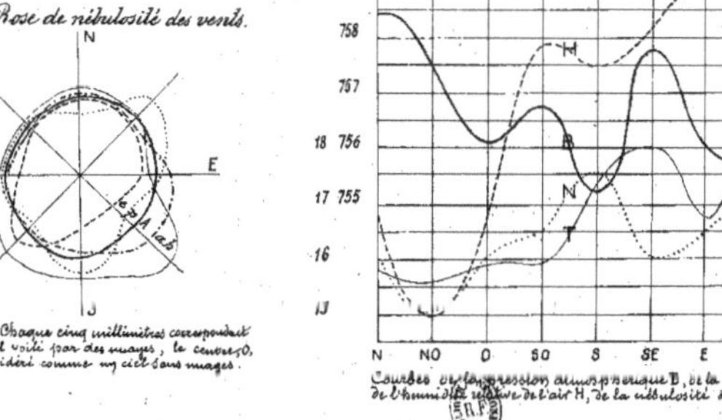

Echelle. Chaque cinq millimètres correspondent à ⅛ du ciel voilé par des nuages, le centre 0, étant considéré comme un ciel sans nuages.

F.12. Rose hygrométrique des vents.

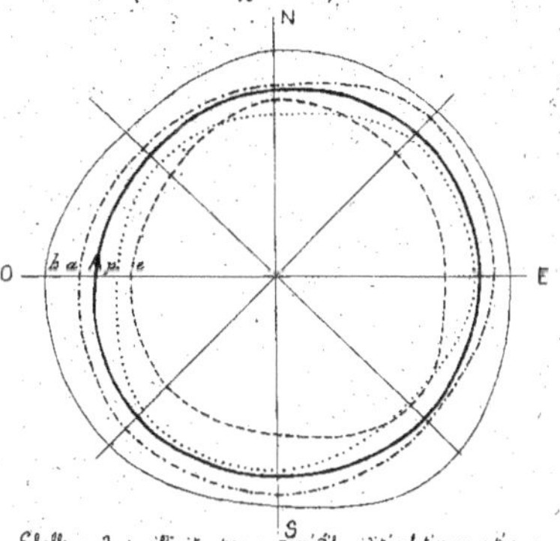

Echelle. un demi-millimètre pour un degré d'humidité relative compté sur chacune des huit aires de vent. Le centre étant 0°, ou le point de sécheresse absolue.

F.14. Rapports de la pression atmosphérique avec la température, l'humidité et la nébulosité par les différents vents.

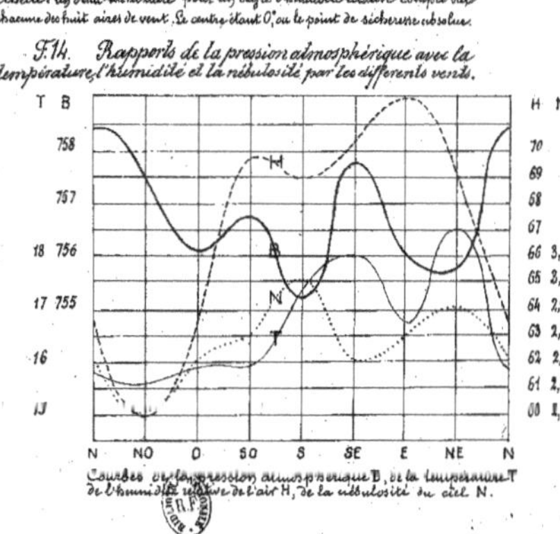

Courbes de la pression atmosphérique B, de la température T, de l'humidité relative de l'air H, de la nébulosité du ciel N.